建筑工程质量与安全管理研究

周 轩 著

东北林业大学出版社
Northeast Forestry University Press
·哈尔滨·

图书在版编目（CIP）数据

建筑工程质量与安全管理研究 / 周轩著. — 哈尔滨：
东北林业大学出版社，2024.4

　　ISBN 978-7-5674-3523-0

　　Ⅰ.①建… Ⅱ.①周… Ⅲ.①建筑工程－工程质量－
安全管理－研究 Ⅳ.①TU71

　　中国国家版本馆CIP数据核字(2024)第081163号

责任编辑：乔鑫鑫
封面设计：文　亮
出版发行：东北林业大学出版社
　　　　　（哈尔滨市香坊区哈平六道街6号　邮编：150040）
印　　装：河北创联印刷有限公司
开　　本：787 mm×1092 mm　1/16
印　　张：15.75
字　　数：272千字
版　　次：2024年4月第1版
印　　次：2024年4月第1次印刷
书　　号：ISBN 978-7-5674-3523-0
定　　价：85.00元

如发现印装质量问题，请与出版社联系调换。（电话：0451-82113296　82191620）

前　　言

随着我国现代化建设的不断发展和基础建设规模与数量的不断扩大，建筑行业已成为国民经济的重要组成部分，对推动我国经济发展和社会进步发挥着极其重要的作用。建筑工程质量与其他产品质量一样，既关系到国民经济的发展，又关系到人民群众的切身利益。在工程建设中，我国始终坚持"百年大计，质量第一"的建设方针，全社会对工程质量也极为关注。

在建筑工程领域，质量与安全管理始终占据着至关重要的地位。随着城市化进程的加快和建筑行业的蓬勃发展，建筑工程质量与安全管理面临着前所未有的挑战和机遇。建筑业是一项关系国计民生的支柱性基础产业，建筑工程的质量和安全生产直接关系到建筑劳动者的生命安全，与广大百姓的切身利益息息相关。如果发生重大质量安全事故，不但会造成人员伤亡和经济损失，而且会直接影响社会秩序的稳定。所以，工程建设的参与者要把"重质量、抓安全"当作最基本的工作准则，不断探索工程质量安全工作规律，发现、应对和解决各种工程质量和安全生产问题，建立完善的工程质量安全监管体系，推动良好的工程质量安全体系形成。

由于作者水平有限，书中不足之处在所难免，恳请广大师生和读者不吝指正。

作　者

2024 年 1 月

目　录

第一章 建筑工程质量管理及体系概论

第一节 建筑工程质量管理的重要性和发展阶段

一、建筑工程质量管理的重要性

《中华人民共和国建筑法》第一条明确了制定此法是"为了加强对建筑活动的监督管理，维护建筑市场秩序，保证建筑工程的质量和安全，促进建筑业的健康发展"。第三条再次强调了建筑活动的基本要求："建筑活动应当确保建筑工程质量和安全，符合国家的建筑工程安全标准。"由此可见，建筑工程质量与安全问题在建筑活动中占有极其重要的地位。工程项目的质量是项目建设的核心，是决定工程建设成败的关键。对提高工程项目的经济效益、社会效益和环境效益具有重大意义；直接关系到国家财产和人民生命安全，关系到社会主义建设事业的发展。

要确保和提高工程质量，必须加强质量管理工作如今，质量管理工作已经越来越为人们所重视，大部分企业领导清醒地认识到高质量的产品和服务是市场竞争的有效手段，是争取用户、占领市场和发展企业的根本保证。

作为建设工程产品的工程项目，投资和耗费的人工、材料、能源都相当大，投资者付出巨大的投资，要求获得理想的、满足使用要求的工程产品，以期在预定时间内能发挥作用，为社会经济建设和物质文化生活需要作出贡献。如果工程质量差，不但不能发挥应有的效用，还会因质量、安全等问题影响国计民生和社会环境安全。因此，要从发展战略的高度来认识质量问题，质量已关系到国家的命运、民族的未来，质量管理的水平已关系到行业的兴衰、企业的命运。

建筑施工项目质量的优劣，不但关系到工程的适用性，还关系到人民生命财产的安全和社会安定。由于施工质量低劣而造成工程质量事故或潜伏隐患，其后果是不堪设想的。所以在工程建设过程中，加强质量管理，确保国家和人民生命财产安全是施工项目管理的头等大事。

工程质量的优劣，直接影响着国家经济建设的速度。工程质量差本身就是最大的浪费，低劣的质量一方面需要大幅度地增加返修、加固、补强等人工、材料、能源的消耗；另一方面还将给用户增加使用过程中的维修、改造费用。同时，低劣的质量必将缩短工程的使用寿命，使用户遭受经济损失。此外，质量低劣还会带来其他的间接损失（如停工、降低使用功能、减产等），给国家和使用者造成的浪费、损失将会更大。因此，质量问题直接影响着我国经济建设的速度。

综上所述，加强工程质量管理是市场竞争的需要，既是加快社会主义建设的需要、是实现现代化生产的需要、是提高施工企业综合素质和经济效益的有效途径，同时也是实现科学管理、文明施工的有力保证。国务院颁布的《建设工程质量管理条例》是指导我国建设工程质量管理（含施工项目）的法典，也是质量管理工作的灵魂。

二、建筑工程质量管理的发展阶段

质量管理的产生和发展有着漫长的历程，人类历史上自有商品生产以来，就开始了以商品的成品检验为主的质量管理方法。随着科学技术的发展和市场竞争的需要，质量管理已越来越为人们所重视，并逐渐发展成为一门新兴的学科。质量管理作为现代企业管理的有机组成部分，它的发展随着企业管理的发展而发展，其产生、形成、发展和日益完善的过程大体经历了以下几个阶段。

1. 产品质量检验阶段（18 世纪中期至 20 世纪 30 年代）

这一阶段质量管理活动，从观念上来看，仅仅把质量管理理解为对产品质量的再后检验；从方法上来看，是对已经生产的产品进行百分之百的全数检验，采用剔除不合格产品来保证产品的质量。

2. 统计质量管理阶段（20 世纪四五十年代）

这种用数理统计方法来控制生产过程影响质量的因素，把单纯的质量检验变成了过程管理，使质量管理从"事后"转为"事中"，较单纯的质量检验前进了一大步。第二次世界大战后，许多工业发达国家生产企业也纷纷采用和效仿这种质量管理工作模式。但因为对数理统计知识的掌握有一定的要求，由于过分强调，给人们以统计质量管理是少数数理统计人员责任的错觉，而忽略了广大生产与管理人员的作用，结果既没有充分发挥数理统计方法的作用，又影响了管理功能的发展，把数理统计在质量管理中的应用推向了极端。到了20世纪50年代，人们认识到统计质量管理方法并不能全面地保证产品质量，进而导致了"全面质量管理"新阶段的出现。

3. 全面质量管理阶段（20世纪60年代以后）

美国的菲根鲍姆首先提出了较系统的"全面质量管理"概念。其中心思想是，数理统计方法是重要的，但不能单纯依靠它，只有将它和企业管理结合起来，才能保证产品质量。这一理论很快被应用于不同行业生产企业（包括服务行业和其他行业）的质量工作。此后，这一概念通过不断完善，便形成了今天的"全面质量管理"。

全面质量管理阶段的特点是针对不同企业的生产条件、工作环境及工作状态等多方面因素的变化，把组织管理、数理统计方法以及现代科学技术、社会心理学、行为科学等综合运用于质量管理中，建立适用和完善的质量工作体系，对每一个生产环节加以管理，做到全面运行和控制。通过提高工作质量来保证产品质量；通过对产品的形成和使用全过程的管理，全面保证产品质量；通过形成生产（服务）企业全员、全企业、全过程的质量工作系统，建立质量体系以保证产品质量始终满足用户需要，使企业用最少的投入获取最佳效益。

第二节　工程质量管理的概念

一、质量与建筑工程质量

质量是指反映实体满足明确或隐含需要能力的特性的总和。质量的主体是"实体"，实体可以是活动或者过程的有形产品（如建成的厂房、装修后的住宅，或是无形的产品等），也可以是某个组织体系或人，以及上述各项的组合。"需要"一般指的是用户的需要，也可以指社会及第三方的需要。"明确需要"一般指甲乙双方以合同契约等方式予以规定，而"隐含需要"则指虽然没有任何形式给予明确规定，但却是人们普遍认同的、无须事先声明的需要。

特性是指某事物区分他物的特征，可以是固有的或赋予的，也可以是定性的或定量的。固有的特性是在某事或某物中本来就有的，是产品、过程或体系的一部分，尤其是那种永久的特性。赋予的特性（如某一产品的价格）并非是产品、过程或体系本来就有的。质量特性是物品固有的特性，是通过产品、过程或体系设计、开发及开发后的实现过程而形成的属性。

工程质量除了具有上述普遍的质量的含义之外，还具有自身的一些特点。在工程质量中，还需考虑业主需要的，符合国家法律、法规、技术规范、标准、设计文件及合同规定的特性综合。

建筑工程质量的特性主要表现在以下几个方面。

（1）适用性。适用性即功能，是指工程满足使用目的的各种性能，包括理化性能，如尺寸、规格、保温、隔热、隔声等物理性能，耐酸、耐碱、耐腐蚀、防火、防风化、防尘等化学性能；结构性能，是指地基基础的牢固程度，结构的足够强度、刚度和稳定性；使用性能，如民用住宅工程要能使居住者安居，工业厂房要能满足生产活动的需要，道路、桥梁、铁路、航道要能通达便捷等，建筑工程的组成部件、配件及水、暖、电、卫器具、设备也要能满足其使用功能；外观性能，指建筑物的造型、布置、室内装饰效果、色彩等美观大方和协调等。

（2）耐久性。耐久性即寿命，是指工程在规定的条件下，满足规定功能要求使用的年限，也就是工程竣工后的合理使用寿命周期。由于建筑物本身结构类型不同、质量要求不同、施工方法不同及使用性能不同的个性特点，如民用建筑主体结构耐用年限分为四级（15~30年、31~50年、51~100年、100年以上），公路工程设计年限一般按等级控制在10~20年，城市道路工程设计年限，视不同道路构成和所用的材料，设计的使用年限也会有所不同。

（3）安全性。安全性是指工程建成后在使用过程中保证结构安全、保证人身和环境免受危害的程度。建筑工程产品的结构安全度、抗震、耐火及防火能力，人民防空的抗辐射、抗核污染、抗爆炸波等能力，是否能达到特定的要求，都是安全性的主要标志。工程交付使用后，必须保证人身财产、工程整体都能免遭工程结构破坏及外来危害的伤害。工程组成部件，如阳台栏杆、楼梯扶手、电气产品漏电保护、电梯及各类设备等，也要保证使用者的安全。

（4）可靠性。可靠性是指工程在规定的时间和规定的条件下完成规定功能的能力。即建筑工程不仅在交工验收时要达到规定的指标，而且在一定使用时期内要保证应有的正常功能。

（5）经济性。经济性是指工程从规划、勘察、设计、施工到整个产品使用寿命周期内的成本和消耗的费用。工程经济性具体表现为设计成本、施工成本、使用成本三者之和，包括从征地、拆迁、勘察、设计、采购（材料、设备）、施工、配套设施等建设全过程的总投资和工程使用阶段的能耗、水耗、维护、保养乃至改建更新的使用维修费用。

（6）与环境的协调性。与环境的协调性是指工程与其周围生态环境相协调，与所在地区经济环境协调及与周围已建或在建工程相协调，以适应环境可持续发展的要求。

上述六个方面的质量特性彼此之间是相互依存的。总体而言，适用性、耐久性、安全性、可靠性、经济性及与环境的协调性都是必须达到的基本要求，缺一不可。

二、质量管理与工程质量管理

质量管理是指在质量方面指挥和控制组织的协调的活动。质量管理的首要任务是确定质量方针、目标和职责，核心是建立有效的质量管理体系，通过具体的四项活动，即质量策划、质量控制、质量保证和质量改进，确保质量方针、目标的实施和实现。

1. 质量策划

质量策划是质量管理的一部分，致力于制定质量目标并规定的行动过程和相关资料以实现质量目标。质量策划的目的在于制定并采取措施实现质量目标。质量策划是一种活动，其结果形成的文件可以是质量计划。

2. 质量控制

质量控制是质量管理的重要组成部分，其目的是使产品、体系或过程的固有特性达到规定的要求，即满足顾客、法律、法规等方面所提出的质量要求（如适用性、安全性等）。所以，质量控制是通过采取一系列的作业技术和活动对各个过程实施控制，如质量方针控制、文件和记录控制、设计和开发控制、采购控制、不合格控制等。

3.质量保证

质量保证是指为了提供足够的信任而表明工程项目能够满足质量要求，并在质量体系中根据要求提供保证的有计划的、系统的全部活动。质量保证定义的关键是"信任"，由一方向另一方提供信任。由于两方的具体情况不同，质量保证分为内部和外部两部分。内部质量保证是企业向自己的管理者提供信任，外部质量保证是供方向顾客或第三方认证机构提供信任。

4.质量改进

质量改进是指企业及建设单位为获得更多收益而采取的旨在提高活动和过程的效益和效率的各项措施。

工程质量管理就是在工程的全生命周期内，对工程质量进行的监督和管理。针对具体的工程项目进行管理，就是项目质量管理。

第三节　质量管理体系与ISO标准

一、质量管理体系

任何组织都需要管理，当管理与质量有关时，则为质量管理。要实现质量管理的方针目标，有效地开展各项质量管理活动，就必须建立相应的管理体系，这个体系就是质量管理体系。

（一）质量管理体系的内涵

1.质量管理体系应具有唯一性

质量管理体系的设计和建立，应结合组织的质量目标、产品的类别、过程特点和实践经验。因此，不同组织的质量管理体系有着不同的特点。

2.质量管理体系具有系统性

质量管理体系是相互关联和作用的组合体，包括以下内容：

（1）组织结构。合理的组织机构和明确的职责、权限及其协调的关系。

（2）程序。规定到位的形成文件的程序和作业指导书，是过程运行和进行活动的依据。

（3）过程。质量管理体系的有效实施，是通过其所需过程的有效运行来实现的。

（4）资源。必需、充分且适宜的资源，包括人员、资金、设施、设备、料件、能源、技术和方法等。

3.质量管理体系应具有全面有效性

质量管理体系的运行应是全面有效的，既能满足组织内部质量管理的要求，又能满足组织与顾客的合同要求，还能满足第二方认定、第三方认证和注册的要求。

4.质量管理体系应具有预防性

质量管理体系应能采用适当的预防措施，有一定的防止重要质量问题发生的能力。

5.质量管理体系应具有动态性

最高管理者定期批准进行内部质量管理体系审核，定期进行管理评审，以改进质量管理体系；还要支持质量职能部门采用纠正措施和预防措施的改进过程，从而达到完善体系的目的。

（二）质量管理体系的特点

（1）质量管理体系代表现代企业或政府机构思考如何真正发挥质量的作用和如何做出最优质量决策的一种观点。

（2）质量管理体系是深入细致的质量文件的基础。

（3）质量管理体系是使公司内更为广泛的质量活动能够得以切实管理的基础。

（4）质量管理体系是有计划、有步骤地把整个公司主要质量活动按重要性顺序进行提高的基础。

二、ISO 9000 标准

1.ISO 9000 族标准的产生及修订

1979 年，国际标准化组织（ISO）成立了第 176 技术委员会（ISO/TC176），负责制定质量管理和质量保证标准。ISO/TC 176 的目标是"要让全世界都接受和使用 ISO 9000 标准，为提高组织的运作能力提供有效的方法；增进国际贸易，促进全球的繁荣和发展；使任何机构和个人，可以有信心地从世界各地得到任何期望的产品，以及将自己的产品顺利地销到世界各地"。

1986 年，ISO/TC176 发布了 ISO 8402：1986《质量管理和质量保证术语》；1987 年，发布了 ISO 9000：1987《质量管理和质量保证选择和使用指南》、ISO 9001：1986《质量体系设计、开发、生产、安装和服务的质量保证模式》、ISO 9002：1987《质量体系生产、安装和服务的质量保证模式》、ISO 9003：1987《质量体系最终检验和试验的质量保证模式》以及 ISO 9004：1987《质量管理和质量体系要素指南》。这 6 项国际标准统称为 1987 版 ISO 9000 系列国际标准。1990 年，ISO/TCI76 技术委员会开始对 ISO 9000 系列标准进行修订，并于 1994 年发布了 ISO 8402：1994，ISO 9000—1；1994，ISO 9001：1994，ISO 9002：1994，ISO 9003：1994，ISO 9004—1：1994 等 6 项国际标准，统称为 1994 版 ISO 9000 族标准，这些标准分别取代 1987 版 6 项 ISO 9000 系列标准。随后，ISO 9000 族标准进一步扩充到包含 27 个标准和技术文件的庞大标准"家族"之中。

ISO 9001：2000 标准自 2000 年发布之后，ISO/TC 176/SC2 一直在关注跟踪标准的使用情况，不断地收集来自各方面的反馈信息。这些反馈多数集中在两个方面：一是 ISO 9001：2000 标准部分条款的含义不够明确，不同行业和规模的组织在使用标准时容易产生歧义；二是与其他标准的兼容性不够。到了 2004 年，ISO/TC I76/SC2 在其成员中就 ISO 9001：2000 标准组织了一次正式的系统评审，以便决定 ISO 9001：2000 标准是应该撤销、维持不变还是进行修订或换版，最后大多数意见认为应该是修订。与此同时，ISO/TC I76/SC2 对 ISO 9001：2000 和 ISO 9001：2004 的使用情况进行了广泛的"用户反馈调查"。之后，基于系统评审和用户反馈调查结果，ISO/TC 176/SC2 依据 ISO/Guide72：2001 的要求对 ISO 9001 标准的修订要求进行了充分的合理性研究，并于 2004 年向 ISO/TCI76 提出了启动修订程序的要求，并制定了 ISO 9001 标准修订规范草案。该草案在 2007 年 6 月做了最后一次修订。修订规范规定了 ISO 9001 标准修订的原则、程序、修订意见收集时限和评价方法及工具等，是 ISO 9001 标准修订的指导文件。目前，ISO 9001：2008《质量管埋体系要求》国际标准已于 2008 年 11 月 15 日正式发布。

2. 2008 版 ISO 族标准的构成

2008 版的 ISO 9000 族标准包括以下密切相关的质量管理体系核心标准：

——ISO 9000《质量管理体系——基础和术语》，表述质量管理体系基础知识，并规定质量管理体系术语。

——ISO 9001《质量管理体系要求》，规定质量管理体系要求，用于证实组织具有提供满足顾客要求和适用法规要求的产品的能力，目的是增进顾客的满意度。

——ISO 9004《质量管理体系——业绩改进指南》，提供考虑质量管理体系的有效性和改进两个方面的指南。该标准的目的是促进组织业绩改进和使顾客及其他相关方满意。

——ISO 19011《质量和（或）环境管理体系审核指南》，提供审核质量和环境管理体系的指南。

第四节　质量管理的八项原则

GB/T 19000 质量管理体系标准是我国按等同原则，从 2008 版 ISO 9000 族国际标准转化而成的质量管理体系标准。

八项质量管理原则是 2008 版 ISO 9000 族标准的编制基础，也是世界各国质量管理成功经验的科学总结，其中不少内容与我国全面质量管理的经验相吻合。它的贯彻执行能促进企业管理水平的提高，并提高顾客对其产品或服务的满意程度，帮助企业达到持续成功的目的。

八项质量管理原则具体包括以下内容即，以顾客为关注焦点、领导作用、全员参与、过程方法、管理的系统方法、持续改进、基于事实的决策方法、与供方互利的关系。

一、以顾客为关注焦点

组织（从事一定范围生产经营活动的企业）依存于其顾客，组织应理解顾客当前的和未来的需求，满足顾客要求，并争取超越顾客的期望。

一个组织在经营上取得成功的关键是所生产和提供的产品能够持续符合顾

客的要求，并得到顾客的满意和信赖。这就需要通过满足顾客的需要和期望来实现。因此，一个组织应始终密切地关注顾客的需求和期望，通过各种途径准确地了解和掌握顾客一般要求和特定要求，包括顾客当前和未来的、发展的需要和期望。这样才能瞄准顾客的全部要求，并将其要求正确、完整地转化为产品规范和实施规范，确保产品的适用性质量和符合性质量。另外，必须注意顾客的要求并非是一成不变的。随着时间的推移，特别是科学技术的发展，顾客的要求也会发生相应的变化。因此，组织必须动态地聚焦于顾客，及时掌握变化着的顾客要求，进行质量改进，努力满足顾客要求并达到顾客满意。

二、领导作用

领导必须将本组织的宗旨、方向和内部环境统一起来，并创造使员工能够充分参与实现组织目标的环境。领导的作用，即最高管理者具有决策和领导一个组织的关键作用。为了营造一个良好的环境，最高管理者应建立质量方针和质量目标，确保关注顾客要求，确保建立和实施一个有效的质量管理体系，确保应有的资源，并随时将组织运行的结果与目标比较，根据情况决定实现质量方针、目标的措施，以及持续改进的措施。在领导作风上还要做到透明、务实和以身作则。

三、全员参与

各级成员都是组织之本，只有全员充分参与，才能使他们的才干为组织带来收益。产品质量是产品形成过程中全体人员共同努力的结果，其中也包括为他们提供支持的管理、检查和行政人员的贡献。企业领导应对员工进行质量意识等各方面的教育，激发他们的积极性和责任感，为其能力、知识、经验的提高提供机会，发挥创造精神，鼓励持续改进，给予必要的物质和精神鼓励，使全员积极参与，为达到让顾客满意的目标而奋斗。

四、过程方法

将相关的资源和活动作为过程进行管理，可以更高效地得到期望的结果。任何使用资源生产活动和将输入转化为输出的一组相关联的活动都可视为过程。2008 版 ISO 9000 标准是建立在过程控制的基础上的。一般在过程的输入端、过程的不同位置及输出端都存在着可以进行测量、检查的机会和控制点,对这些控制点实行测量、检测和管理,可以保证过程的有效实施。

五、管理的系统方法

系统管理是指将相互关联的过程作为系统加以识别、理解和管理,有助于组织提高实现目标的有效性和效率。系统方法的特点在于识别这些活动所构成的过程,分析这些过程之间的相互作用和相互影响的关系,按照某种方法或规律将这些过程有机地组合成一个系统,管理由这些过程构筑的系统,使之能协调地运行。管理的系统方法是系统论在质量管理中的应用。

六、持续改进

持续改进总体业绩是组织的一个永恒目标,其作用在于增强企业满足质量要求的能力,包括产品质量、过程及体系的有效性和效率的提高。持续改进是增强和满足质量要求能力的循环活动,可使企业的质量管理走上良性循环的轨道。

七、基于事实的决策方法

有效的决策应建立在数据和信息分析的基础上,数据和信息分析是事实的高度提炼。以事实为依据做出决策,可防止决策失误。为此企业领导应重视数据信息的收集、汇总和分析,以便为决策提供依据。

八、与供方互利的关系

组织与供方是相互依存的,建立双方的互利关系可以增强双方创造价值的能力。供方提供的产品是企业提供产品的一个组成部分,处理好与供方的关系,涉及企业能否持续稳定地提供顾客满意产品的重要问题。

组织的市场扩大,则为供方或合作伙伴增加了更多合作的机会。所以,组织与供方或合作伙伴的合作与交流是非常重要的。合作与交流必须是坦诚和明确的。合作与交流的结果是最终促使组织与供方或合作伙伴均增强了创造价值的能力，使双方都获得效益。

第五节 质量管理体系基础

一、质量管理体系的理论说明

质量管理体系能够帮助组织增强顾客满意度。顾客要求产品具有满足其需求和期望的特性，这些需求和期望在产品规范中表述，并归结为顾客要求。顾客要求可以由顾客以合同方式规定或由组织自己确定。无论在哪种情况下，产品是否可接受都最终由顾客确定。因为顾客的需求和期望是不断变化的，以及竞争的压力和技术的发展，这些都促使组织持续地改进产品和过程。

质量管理体系方法鼓励组织分析顾客要求，规定相关的过程，并使其持续受控，以生产顾客能接受的产品。质量管理体系能提供持续改进的框架，以增加顾客和其他相关方满意的机会。质量管理体系还就组织能够提供持续满足要求的产品，向组织及其顾客提供信任。

二、质量管理体系要求与产品要求

GB/T 19000 族标准区分了质量管理体系要求和产品要求。

GB/T 19001 规定了质量管理体系要求。质量管理体系要求是通用的，适用于所有行业或经济领域，不论其提供何种类别的产品，GB/T 19001 本身并不规定产品要求。

产品要求可由顾客规定，或由组织通过预测顾客的要求规定，或由法规规定。在某些情况下，产品要求和有关过程的要求可包含在诸如技术规范、产品标准、过程标准、合同协议和法规要求中。

三、质量管理体系方法

建立和实施质量管理体系的方法包括以下步骤：

（1）确定顾客和其他相关方的需求和期望。

（2）建立组织的质量方针和质量目标。

（3）确定实现质量目标必需的过程和职责。

（4）确定和提供实现质量目标必需的资源。

（5）规定测量每个过程的有效性和效率的方法。

（6）运用这些测量方法确定每个过程的有效性和效率。

（7）确定防止不合格并消除产生原因的措施。

（8）建立和应用持续改进质量管理体系的过程。

上述方法也适用于保持和改进现有的质量管理体系。

采用上述方法的组织能对其过程能力和产品质量树立信心，为持续改进提供基础，从而增进顾客和其他相关方满意并使组织成功。

四、过程方法

任何使用资源将输入转化为输出的一项活动或一组活动都可视为一个过程。

为使组织有效运行，必须识别和管理许多相互关联和相互作用的过程。通常，一个过程的输出将直接成为下一个过程的输入。系统地识别和管理组织所应用的过程，特别是这些过程之间的相互作用，称为"过程方法"。

五、质量方针和质量目标

建立质量方针和质量目标为组织提供了关注的焦点。两者确定了预期的结果，并帮助组织利用其资源达到这些结果。质量方针为建立和评审质量目标提供了框架。质量目标需要与质量方针和持续改进的承诺相一致，其实现需要是可测量的。质量目标的实现对产品质量、运行有效性和财务业绩都有积极影响，因此对相关方的满意和信任也产生了积极影响。

六、最高管理者在质量管理体系中的作用

最高管理者通过其领导作用及各种措施可以创造一个员工充分参与的环境，质量管理体系能够在这种环境中有效运行。最高管理者可以运用质量管理原则实现下列目标：

（1）制定并保持组织的质量方针和质量目标。

（2）通过增强员工的意识、积极性和参与程度，在整个组织内促进质量方针和质量目标的实现。

（3）确保整个组织关注顾客要求。

（4）确保实施过程能够满足顾客和其他相关方的要求并实现质量目标。

（5）确保建立、实施和保持一个有效的质量管理体系以实现这些质量目标。

（6）确保获得必要资源。

（7）定期评审质量管理体系。

（8）决定有关质量方针和质量目标的措施。

（9）决定改进质量管理体系的措施。

七、文件

文件是指"信息及其承载媒体"。

1. 文件的价值

文件能够沟通意图、统一行动，文件具有以下作用：

（1）满足要求和质量改进。

（2）提供适宜的培训。

（3）重复性和可追溯性。

（4）提供客观证据。

（5）评价质量管理体系的有效性和持续适宜性。

2.质量管理体系中使用的文件

质量管理体系中使用的文件有以下几种类型。

（1）向组织内部和外部提供关于质量管理体系的一致信息的文件，这类文件称为质量手册。

（2）表述质量管理体系如何应用于特定产品、项目或合同的文件，这类文件称为质量计划。

（3）阐明要求的文件，这类文件称为规范。

（4）阐明推荐的方法或建议的文件，这类文件称为指南。

（5）提供如何一致地完成活动和过程信息的文件，这类文件包括形成文件的程序、作业指导书和图样。

（6）为完成的活动或达到的结果提供客观证据的文件，这类文件称为记录。

每个组织都必须确定其所需文件的多少和详略程度及所使用的媒体。这取决于下列因素，诸如组织的类型和规模、过程的复杂性和相互作用、产品的复杂性、顾客要求、适用的法规要求、经证实的人员能力以及满足质量管理体系要求所需证实的程度。

八、质量管理体系评价

1.质量管理体系过程的评价

评价质量管理体系时，应对每一个被评价的过程提出如下四个基本问题：

（1）过程是否已被识别并适当规定。

（2）职责是否已被分配。

（3）程序是否得到实施和保持。

（4）在实现所要求的结果方面，过程是否有效。

综合上述问题的答案可以确定评价结果。质量管理体系评价，如质量管理体系审核和质量管理体系评审以及自我评定，在涉及的范围上可以有所不同，并可包括许多活动。

2. 质量管理体系审核

审核用于确定符合质量管理体系要求的程度。审核发现用于评定质量管理体系的有效性和识别改进的机会。

第一，审核用于内部目的，由组织自己或以组织的名义来进行，可作为组织自我合格声明的基础。

第二，审核由组织的顾客或由其他人以顾客的名义进行。

第三，审核由外部独立的组织进行。这类组织通常是经认可的，提供符合（如GB/T 19001）要求的认证或注册。

3. 质量管理体系评审

最高管理者的任务之一是就质量方针和质量目标，有规则地、系统地评价质量管理体系的适宜性、充分性、有效性和效率。这种评审可包括考虑修改质量方针和质量目标的需求以响应相关方需求和期望的变化。评审包括确定采取措施的需求，审核报告与其他信息源共同用于质量管理体系的评审。

4. 自我评定

组织的自我评定是一种参照质量管理体系或优秀模式对组织的活动和结果所进行的全面、系统的评审。

自我评定可提供一种对组织业绩和质量管理体系成熟程度总的看法。它还有助于识别组织中需要改进的领域并确定优先开展的事项。

九、持续改进

持续改进质量管理体系的目的在于增加顾客和其他相关方满意的机会，改进主要包括下述活动：

（1）分析和评价现状，以识别改进区域。

（2）确定改进目标。

（3）寻找解决方法，以实现这些目标。

（4）评价解决办法并做出选择。

（5）实施选定的解决办法。

（6）测信、验证、分析和评价实施的结果，以确定这些目标已经实现。

（7）正式采纳更改。

必要时，对结果进行评审，以确定进一步改进的机会。从这种意义上来说，改进是一种持续的活动。顾客和其他相关方的反馈以及质量管理体系的审核和评审均能用于识别改进的机会。

十、统计技术的作用

运用统计技术可帮助组织了解变异，从而有助于组织解决问题并提高有效性和效率。这些技术也有助于更好地利用可获得的数据进行决策。

在许多活动的状态和结果之中，甚至是在明显的稳定条件下，均可观察到变异。这种变异可通过产品和过程可测量的特性观察到，并且在产品的整个寿命周期（从市场调研到顾客服务和最终处置）的各个阶段，均可看到其存在。

统计技术有助于对这类变异进行测量、描述、分析、解释和建立模型，甚至在数据相对有限的情况下也可实现。这种数据的统计分析可为更好地理解变异的性质、程度和原因提供帮助，从而有助于解决，甚至防止由变异所引起的问题，并促进持续改进。

十一、质量管理体系与其他管理体系的关注点

质量管理体系是组织管理体系的一部分，它致力于使与质量目标有关的结果适当地满足相关方的需求、期望和要求。组织的质量目标与其他目标，如增长、资金、利润、环境及职业卫生与安全等目标是相辅相成的。一个组织管理体系的各个部分，连同质量管理体系可以合成一个整体，从而形成使用共有要素的单一的管理体系。这将有利于策划、资源配置、确定互补的目标并评价组织的整体有效性。组织的管理体系可以对照其要求进行评价，也可以对照国家标准如 GB/T 19001 和 GB/T 24001 的要求进行审核，这些审核可分开进行，也可合并进行。

十二、质量管理体系与卓越模式之间的关系

GB/T 19000 族标准和卓越模式提出的质量管理体系方法依据共同的原则。

两者均有下述特征：

（1）使组织能够识别它的强项和弱项；

（2）包含对照通用模式进行评价的规定；

（3）为持续改进提供基础；

（4）包含外部承认的规定。

GB/T 19000 族质量管理体系与卓越模式之间的差别在于它们的应用范围不同。GB/T 19000 族质量管理体系提出了质量管理体系要求和业绩改进指南，质量管理体系评价可确定这些要求是否得到满足。卓越模式包含能够对组织业绩进行比较评价的准则，并能适用于组织的全部活动和所有相关方。卓越模式评定准则提供了一个组织与其他组织的业绩相比较的依据。

第六节　质量管理体系文件的构成、实施与认证

一、质量管理体系文件的构成

GB/T 19000 质量管理体系对文件提出明确要求，企业应具有完整和科学的质量体系文件。质量管理体系文件一般由以下内容构成：形成文件的质量方针和质量目标，质量手册，质量管理标准所要求的各种生产、工作和管理的程序文件，质量管理标准所要求的质量记录。

以上各类文件的详略程度无统一规定，以适于企业使用，使过程受控为准则。

1.质量方针和质量目标

质量方针和质量目标一般都以简明的文字来表述，是企业质量管理的方向目标，应反映用户及社会对工程质量的要求及企业相应的质量水平和服务承诺，也是企业质量经营理念的反映。

2.质量手册

质量手册是规定企业组织建立质量管理体系的文件，可对企业质量体系做系统、完整和概要的描述。其内容一般包括：企业的质量方针、质量目标，组

织机构及质量职责，体系要素或基本控制程序，质量手册的评审、修改和控制的管理办法。

质量手册作为企业质量管理系统的纲领性文件，应具备指令性、系统性、协调性、先进性、可行性和可检查性等特性。

3. 程序文件

质量体系程序文件是质量手册的支持性文件，是企业各职能部门为落实质量手册要求而规定的细则，企业为落实质量管理工作而建立的各项管理标准、规章制度等都属于程序文件范畴。各企业程序文件的内容及详略可视企业情况而定，一般有以下六个方面的程序为通用性管理程序，各类企业都应在程序文件中制定下列程序：

（1）文件控制程序。

（2）质量记录管理程序。

（3）内部审核程序。

（4）不合格品控制程序。

（5）预防措施控制程序。

（6）纠正措施控制程序。

除以上六个程序以外，涉及产品质量形成过程各环节控制的程序文件，如生产过程、服务过程、管理过程、监督过程等管理程序，不做统一规定，可视企业质量控制的需要而制定。

为确保过程的有效运行和控制，在程序文件的指导下，可按管理需要编制相关文件，如作业指导书、具体工程的质量计划等。

4. 质量记录

质量记录是阐明所取得的结果或提供所完成活动的证据文件。它是产品质量水平和企业质量管理体系中各项质量活动结果的客观反映，应如实地加以记录，用以证明达到了合同所要求的产品质量，并证明对合同中提出的质量保证要求予以满足的程度。如果出现偏差，则质量记录应反映出采取了哪些相应的纠正措施。

质量记录应字迹清晰、内容完整，并按所记录的产品和项目进行标识，记录应标明日期并经授权人员签字、盖章或做其他审定后方能生效。一旦发生问题，应能通过记录查明情况，找出原因和责任者，有针对性地采取有效措施防止问题重复发生。质量记录应安全地储存和维护，并根据合同要求考虑如何向需方提供。

二、质量管理体系的实施运行

质量管理体系的建立是企业按照八项质量管理原则，在确定市场及顾客需求的前提下，制定企业的质量方针、质量目标、质量手册、程序文件及质量记录等体系文件，确定企业在生产（或服务）全过程的作业内容、程序要求和工作标准，并将质量目标分解落实到相关层次、相关岗位的职能和职责中，形成企业质量管理体系执行系统的一系列工作。质量管理体系的建立还包含着组织不同层次的员工培训，它使体系工作的执行要求为员工所了解，为形成全员参与的企业质量管理体系的运行创造了条件。

质量管理体系的建立需识别并提供实现质量目标和持续改进所需的资源，包括人员、基础设施、环境、信息等。

质量管理体系的运行是在生产（或服务）的全过程质量管理文件体系制定的程序、标准、工作要求及目标分解的岗位职责，进行操作运行。

质量体系文件编制完成后，质量体系即进入试运行阶段。其目的是通过试运行，检验质量体系文件的有效性和协调性，并对所暴露出来的问题采取改进措施和纠正措施，以达到进一步完善质量体系文件的目的。在质量体系试运行过程中，要重点抓好以下工作：

（1）有针对性地宣传贯彻质量体系文件，使全体职工认识到新建立或完善的质量体系是对过去质量体系的变革，是为了向国际标准接轨，要适应这种变革就必须认真学习、贯彻质量体系文件。

（2）实践是检验真理的唯一标准。体系文件通过试运行必然会出现一些问题，职工应将在实践中出现的问题和改进意见如实地反映给有关部门，以便采取纠正措施。

（3）对体系试运行中暴露出的问题，如体系设计不周、项目不全等进行协调、改进。

（4）加强信息管理，不仅是体系试运行本身的需要，也是保证试运行成功的关键。所有与质量活动有关的人员都应按体系文件要求，做好质量信息的收集、分析、传递、反馈、处理和归档等工作。

三、质量认证

质量认证是第三方依据程序对产品、过程或服务符合规定的要求给予书面保证（合格证书）。质量认证分为产品质量认证和质量管理体系认证两种。

1. 产品质量认证

产品质量认证是认证机构证明产品符合相关技术规范的强制性要求或者标准的合格评定活动，即由一个公正的第三方认证机构，对工厂的产品抽样，按规定的技术规范、技术规范中的强制性要求或者标准进行检验，并对工厂的质量管理保证体系进行评审，以做出产品是否符合有关技术规范、技术规范中的强制性要求或者标准，工厂能否稳定地生产合格产品的结论。如检验或评审通过，则发给合格证书，允许在被认证的产品及其包装上使用特定的认证标志。

认证标志是由认证机构设计并公布的一种专用标志，用以证明某项产品或服务符合特定标准或规范。经认证机构批准，使用在每台（件）合格出厂的认证产品上。认证标志是质量标志，通过标志可以向购买者传递正确可靠的质量信息，帮助购买者区分认证的产品与非认证的产品，指导购买者购买自己满意的产品。

2. 质量管理体系认证

质量管理体系认证是指根据有关的质量保证模式标准，由第三方机构对供方（承包方）的质量管理体系进行评定和注册的活动。这里的第三方机构指的是经国家市场监督管理总局质量体系认可委员会认可的质量管理体系认证机构。质量管理体系认证机构是个专职机构，各认证机构具有自己的认证章程、程序、注册证书和认证合格标志，国家质量监督检验检疫对质量认证工作实行统一管理。

（1）认证的特点。

①由具有第三方公正资质的认证机构进行客观的评价，并做出结论，若通过，则颁发认证证书。审核人员要具有独立性和公正性，以确保认证工作客观、公正地进行。

②认证的依据是质量管理体系标准，即 GB/T 19001，而不能依据质量管理

体系的业绩改进指南标准即 GB/T 19004 来进行，更不能依据具体的产品质量标准进行。

③认证过程中的审核是围绕企业的质量管理体系要求的符合性和满足质量要求及目标方面的有效性来进行的。

④认证的结论不是证明具体的产品是否符合有关的技术标准，而是检查质量管理体系是否符合 ISO 9001，即质量管理体系的要求标准是否按照规范要求，保证产品质量的能力。

（2）企业质量体系认证的意义。

①促使企业认真按 GB/T 19000 系列标准去建立、健全质量管理体系，提高企业的质量管理水平，保证施工项目质量。由于认证是第三方权威性的公正机构对质量管理体系的评审，企业达不到认证的基本条件不可能通过认证，这就可以避免形式主义地去"贯标"，或用其他不正当手段获取认证的可能性。

②提高企业的信誉和竞争能力。企业通过质量管理体系认证机构的认证，就能获得权威性机构的认可，证明其具有保证工程实体质量的能力。因此，获得认证的企业信誉度提高，大大地增强了市场竞争能力。

③加快双方的经济技术合作。在工程招投标中，不同业主对同一个承包单位的质量管理体系的评审中，80% 以上的评审内容和质量管理体系要素是重复的。若投标单位的质量管理体系通过了认证，对其评定的工作量就大大减少，省时、省钱，避免了不同业主对同承包单位进行重复的评定，加快了合作的进展，有利于选择合格的承包方。

④有利于保护业主和承包单位双方的利益。企业通过认证，证明其具有保证工程实体质量的能力，保护了业主的利益。同时，一旦发生了质量争议，承包单位就会采取自我保护的措施。

第二章　建筑施工质量控制

第一节　施工质量控制

一、施工项目质量控制的概念

施工项目质量控制就是为了达到施工项目质量要求所采取的作业技术和活动。施工企业应为业主提供满意的建筑产品，对建筑施工过程实行全方位的控制，防止建筑产品不合格。

（1）工程项目质量的要求主要体现为该项目应符合工程合同、设计文件、技术规范规定的质量标准。因此，工程项目质量控制就是为了保证达到工程合同设计文件和标准规范规定的质量标准而采取的一系列措施、手段和方法。

（2）建设工程项目质量控制按其实施者的不同，分为三个方面：一是业主方面的质量控制；二是政府方面的质量控制；三是承建商方面的质量控制。这里的质量控制主要指承建商方面内部的、自身的控制。

（3）质量控制的工作内容包括作业技术和活动，具体来说就是专业技术和管理技术两个方面。围绕产品质材形成全过程的各个环节，对影响工作质量的人、机、料、法、环五大因素进行控制，并对质量活动的成果进行分阶段验证，以便及时发现问题，采取相应措施，防止出现不合格质量，尽可能减少损失。因此，质量控制应贯彻以预防为主并与检验把关相结合的原则。

二、施工项目质量控制的原则

施工项目质量控制应遵循以下原则：

（1）坚持质量第一、用户至上的原则。

（2）以人为核心。

（3）以预防为主。

（4）用数据说话，坚持质量标准，严格检查。

（5）遵循科学、公正、守法的职业规范。

三、施工项目质量控制的要求

（1）按照企业质量体系的要求，贯彻企业的质量方针和目标，坚持"质量第一、预防为主"。

（2）坚持"计划、执行、检查、处理"循环的工作方法，不断改进过程控制。

（3）满足工程施工及验收规范、工程质量检验评定标准和顾客的要求。

（4）项目质量控制必须包括对人、材料、机械、方法、环境五个因素的控制。

（5）项目经理部建立项目质量责任制和考核评价体系，项目经理对项目质量控制负责。过程质量控制由每一道工序和岗位的责任人负责。

（6）承包人应就项目质量和质量保修工作对发包人负责。分包工程质量由分包人向承包人负责。承包人对分包人的工程质量问题承担连带责任。

（7）所有的施工过程都应按规定进行自检、互检、交接检。隐蔽工程、指定部位和分项工程未经检验或已经检验评为不合格的，严禁转入下一道工序。

四、施工项目质量控制的目标

工程项目的质量控制在项目管理中占有特别重要的地位。确保工程项目的质量，是工程技术人员和项目管理人员的重要使命。其质量控制目标有如下几个方面：

（1）工程设计必须符合设计承包合同规定的规范标准的质量要求，投资额、建设规模应控制在批准的设计任务书范围之内。

（2）设计文件、图纸要清晰完整，各相关图纸之间无矛盾。

（3）工程项目的设备选型、系统布置要经济合理、安全可靠、管线紧凑、节约能源。

（4）环境保护措施、"三废"处理、能源利用等要符合国家和地方政府规定的指标。

（5）施工过程与技术要求相一致，与计划规范相一致，与设计质量要求相一致，符合合同要求和验收标准。

五、施工项目质量控制系统的过程

由于施工阶段是使工程设计最终实现并形成工程实体的阶段，是最终形成工程实体质量的过程，所以施工阶段的质量控制是一个由对投入的资源和条件的质量控制，进而对生产过程及各环节质量进行控制，直到对所完成的工程产出品的质量检验与控制为止的全过程的系统控制过程。这个过程根据三阶段控制原理划分为三个环节。

1.事前控制

事前控制是在各工程对象正式施工活动开始前，对各项准备工作及影响质量的各因素进行控制，这是确保施工质量的先决条件。事前控制的具体内容包括以下几方面：

（1）审查各承包单位的技术资质。

（2）对工程所需材料、构件、配件的质量进行检查和控制。

（3）对永久性生产设备和装置，按审批同意的设计图纸组织采购或订货。

（4）施工方案和施工组织设计中应含有保证工程质量的可靠措施。

（5）对工程中采用的新材料、新工艺、新结构、新技术，应审查其技术鉴定书。

（6）检查施工现场的测量标桩、建筑物的定位放线和高程水准点。

（7）完善质量保证体系。

（8）完善现场质量管理制度。

（9）组织设计交底和图纸会审。

2.事中控制

事中控制是在施工过程中对实际投入的生产要素质量及作业技术活动的实施状态和结果所进行的控制，包括作业者发挥技术能力过程的自控行为和来自有关管理者的监控行为，其具体内容有以下几个方面：

（1）完善的工序控制。

（2）严格工序之间的交接检查工作。

（3）重点检查重要部位和专业过程。

（4）对完成的分部、分项工程按照相应的质量评定标准和办法进行检查、验收。

（5）审查设计图纸变更和图纸修改。

（6）组织现场质量会议，及时分析通报质量情况。

3. 事后控制

事后控制是对通过施工过程所完成的具有独立的功能和使用价值的最终产品及有关方面的质量进行控制，其具体内容包括以下几个方面：

（1）按规定质量评定标准和办法对已完成的分项分部工程、单位工程进行检查验收。

（2）组织联动试车。

（3）审核质量检验报告及有关技术性文件。

（4）审核竣工图。

（5）整理有关工程项目质量的技术文件，并编目、建档。

六、施工阶段工序的质量控制

工序质量是项目质量的基础，直接影响着工程项目的整体质量。要控制工程项目施工过程的质量，首先必须控制工序的质量。

工序质量是指施工中人、材料、机械、工艺方法和环境等对产品综合起作用的过程的质量，又称过程质量，它体现为产品质量。

工序质量包含两个方面的内容：一是工序活动条件的质量；二是工序活动效果的质量。从质量管理的角度来看，二者又是互为关联的，一方面要管理工序活动条件的质量，即每道工序投入品的质量（人、材料、机械、方法和环境的质量）是否符合要求；另一方面又要管理工序活动效果的质量，即每道工序施工完成的工程产品是否达到有关质量标准。

（一）工序质量控制的内容

工序质量控制主要包括两个方面的内容，即对工序施工条件的控制和对工序施工效果的控制。

1. 工序施工条件的控制

工序施工条件是指从事工序活动的各种生产要素及生产环境条件。控制方法主要包括检查、测试、试验、跟踪监督等方法。控制依据是要坚持的设计质量标准、材料质量标准、机械设备技术性能标准、操作规程等。控制方式对工序准备的各种生产要素及环境条件宜采用事前质量控制的模式（预控）。

工序施工条件的控制包括以下两个方面。

（1）施工准备方面的控制。即在工序施工前，应对影响工序质量的因素或条件进行监控。要控制的内容一般包括：人的因素，如施工操作者和有关人员是否符合上岗要求；材料因素，如材料质量是否符合标准，能否使用；施工机械设备的条件，如规格、性能、数量能否满足要求，质量有无保障；采用的施工方法及工艺是否恰当，产品质量有无保证；施工的环境条件是否良好等。这些因素或条件应当符合规定的要求或保持良好的状态。

（2）施工过程中对工序活动条件的控制。对影响工序产品质量的各因素的控制不仅体现在开工前的施工准备中，还应当贯穿于整个施工过程中，包括各工序、各工种的质量保证与强制活动。在施工过程中，工序活动是在经过审查认可的施工准备的条件下展开的，要注意各因素或条件的变化。如果发现某种因素或条件向不利于工序质量方面变化，应及时地予以控制或纠正。

在各种因素中，投入施工的物料如材料、半成品等，以及施工操作或工艺是最活跃和易变化的因素，应予以特别的监督与控制，使它们的质量始终处于控制之中，符合标准及要求。

2. 工序施工效果的控制

工序施工效果主要反映在工序产品的质量特征和特性指标方面。对工序施工效果控制就是控制工序产品的质量特征和特性指标是否达到设计要求和施工验收标准。工序施工效果质量控制一般属于事后质量控制，其控制的基本步骤包括实测、分析、判断、认可或纠正。

（1）实测。实测即采用必要的检测手段，对抽取的样品进行检验，测定其质量特性指标（如混凝土的抗拉强度）。

（2）分析。分析即对检测所得数据进行整理、分析、找出规律。

（3）判断。判断根据对数据分析的结果，判断该工序产品是否达到了规定的质量标准，如果未达到，应找出原因。

（4）纠正或认可。如果质量不符合规定标准，应立即采取措施纠正；如果质量符合要求，则予以确认。

（二）工序分析

概括地讲，工序分析就是要找出对工序的关键或重要质量特性起支配性作用的全部活动。对这些支配性要素，要制定成标准，加以重点控制。不进行工序分析，就搞不好工序控制，也就不能保证工序质量。工序质量不能保证，工程质量也就不能保证。如果搞好工序分析，就能迅速提高质量。工序分析是施工。现场质量体系的一项基础工作。

工序分析可按三个步骤、八项活动来进行。

应用因果分析图法进行分析，通过分析，在书面上找出支配性要素。该步骤包括下列八项活动：

（1）选定分析的工序。对关键、重要工序或根据过去资料认定经常发生问题的工序，可选定为工序分析对象。

（2）确定分析者，明确任务，落实责任。

（3）对经常发生质量问题的工序，应掌握现状和问题点，确定提高工序质量的目标。

（4）组织开会，应用因果分析图法进行工序分析，找出工序支配性要素。

（5）针对支配性要素拟订对策计划，决定试验方案实施对策计划。

（6）按试验方案进行试验核实，找出质量特性和工序支配性要素之间的关系，经过审查，确定试验结果制定标准，控制工序支配性要素。

（7）将试验核实的支配性要素编入工序质量表，纳入标准或规范，落实责任部门或人员。

（8）各部门或有关人员对属于自己负责的支配性要素，按标准规定实行率值管理。

工序分析方法的第一步是书面分析，可使用因果分析图法；第二步是进行试验核实，可根据不同的工序用不同的方法，如优选法等；第三步是通过制定标准进行管理，主要应用系统图法和矩阵图法。

（三）工序质量的动态控制

影响工序质量的因素对工序质量所产生的影响，可能表现为一种偶然的、随机性的影响，也可能表现为一种系统性的影响。

（1）偶然性、随机性影响表现为工序产品的质量特征数据是以平均值为中心上下波动不定且呈随机性的变化，此时的工序质量基本上是稳定的。质量数据波动是正常的，它是由于工序活动过程中一些偶然的、不可避免的因素所造成的，如所用材料上的微小差异、施工设备运行的正常振动、检验误差等。这种正常的波动一般对产品质量影响不大，在管理上是允许的。

（2）系统性影响表现为在工序产品质量特征数据方面出现异常大的波动或散差，其数据波动呈一定的规律性或倾向性变化，如数值不断增大或减小、数据均大于（或小于）标准值或呈周期性变化等。这种质量数据的异常波动通常是由于系统性的因素所造成的，例如使用了不合格的材料、施工机具设备严重磨损、违章操作、检验量具失准等。这种异常波动在质量管理上是不允许的，施工单位应采取相应的措施加以消除。

因此，施工管理者应当在整个工序活动中，连续地实施动态跟踪控制，通过对工序产品的抽样检验，判定其产品质量波动状态。若工序活动处于异常状态，则应查找出影响质量的原因，采取措施排除系统性因素的干扰，使工序活动恢复到正常状态，从而保证工序活动及其产品的质量。

七、施工阶段质量控制点的设置

质量控制点是指为了保证工序质量而确定的重点控制对象、关键部位或薄弱环节。设置质量控制点是保证达到工序质量要求的必要前提，监理工程师在拟订质量控制工作计划时，应予以详细的考虑，并通过制度保证落实。对于质量控制点，一般要事先分析可能造成质量问题的原因，再针对原因制定对策和措施进行预控。

（一）质量控制点设置的原则

质量控制点设置的原则，是根据工程的重要程度，即质量特性值对整个工程质量的影响程度来确定的。为此，在设置质量控制点时，首先要对施工的工程对象进行全面分析、比较，以明确质量控制点；之后进一步分析所设置的质量控制点在施工中可能出现的质量问题或造成质量隐患的原因，针对隐患的原因，提出相应对策、措施予以预防。由此可见，设置质量控制点是对工程质量进行预控的有力措施。

质量控制点的涉及面较广，根据工程特点，视其重要性、复杂性、精确性、质量标准和要求判定，可能是结构复杂的某一工程项目，也可能是技术要求高、施工难度大的某一结构构件或分项、分部工程，还可能是影响质量关键的某一环节中的某一工序或若干工序。总之，无论是操作、材料、机械设备、施工顺序、技术参数，还是自然条件、工程环境等，均可作为质量控制点来设置，主要是视其对质量特征影响的大小及危害程度而定的。

（二）质量控制点的设置部位

质量控制点一般设置在下列部位：

（1）重要的和关键性的施工环节和部位。

（2）质量不稳定、施工质量没有把握的施工工序和环节。

（3）施工技术难度大、施工条件困难的部位或环节。

（4）质量标准或质量精度要求高的施工内容和项目。

（5）对后续施工或后续工序质量或安全有重要影响的施工工序或部位。

（6）采用新技术、新工艺、新材料施工的部位或环节。

（三）质量控制点的实施要点

（1）将控制点的"控制措施设计"向操作班组进行认真交底，使工人真正了解操作要点，这是保证"制造质量"、实现"以预防为主"思想的关键一环。

（2）质量控制人员在现场进行重点指导、检查、验收，对重要的质量控制点，质量管理人员应当进行旁站指导、检查和验收。

（3）工人按作业指导书认真进行操作，保证操作中每个环节的质量。

（4）按规定做好检查并认真记录检查结果，取得第一手数据。

（5）运用数理统计方法不断进行分析与改进（实施 PDCA 循环），直至质量控制点验收合格。

（四）见证点与停止点

1. 见证点

见证点是指重要性一般的质量控制点。在这种质量控制点施工之前，施工单位应提前（如 24 小时之前）通知监理单位派监理人员在约定的时间到现场进行见证，对该质量控制点的施工进行监督和检查，并在见证表上详细记录该质量控制点所在的建筑部位、施工内容、数量、施工质量和工时，并签字以作为凭证。如果在规定的时间内监理人员未能到达现场进行见证和监督，施工单位可以认为已取得监理单位的同意（默认），有权进行该见证点的施工。

2. 停止点

停止点是指重要性较高、其质量无法通过施工以后的检验来得到保证的质量控制点。例如，无法依靠事后检验来证实其内在质量或无法事后把关的特殊工序或特殊过程。对于这种质量控制点，在施工之前施工单位应提前通知监理单位，并约定施工时间，由监理单位派出监督员到现场进行监督控制，如果在约定的时间监理人员未到现场进行监督和检查，则施工单位应停止该质量控制点的施工，并按合同规定，等待监理人员，或另行约定该质量控制点的施工时间。

在实际工程实施质量控制时，通常是由工程承包单位在分项工程施工前制订施工计划时，就选定设置的质量控制点，并在相应的质量计划中再进一步明确哪些是见证点，哪里是停止点，施工单位应将该施工，计划及质量计划提交监理工程师审批。如监理工程师对上述计划及见证点与停止点的设置有不同的意见，应书面通知施工单位，要求予以修改，修改后再上报监理工程师经审批执行。

第二节　施工质量控制的方法和手段

一、施工项目质量控制的方法

施工质量控制的方法，主要指审核有关技术文件、报告或报表和直接进行现场检查或必要的试验等。

（一）审核有关技术文件、报告或报表

对技术文件、报告、报表的审核，是项目经理对工程质量进行全面控制的重要手段，具体内容有：

（1）审核有关技术资质证明文件。

（2）审核开工报告，并经现场核实。

（3）审核施工方案、施工组织设计和技术措施。

（4）审核有关材料、半成品的质量检验报告。

（5）审核反映工序质量动态的统计资料或控制图表。

（6）审核设计变更、修改图纸和技术核定书。

（7）审核有关质量问题的处理报告。

（8）审核有关应用新工艺、新材料、新技术、新结构的技术核定书。

（9）审核有关工序交接检查，分项、分步工程质量检查报告。

（10）审核并签署现场有关技术签证、文件等。

（二）现场质量检查

1. 现场质量检查的内容

（1）开工前检查。目的是检查是否具备开工条件，开工后能否连续、正常施工，能否保证工程质量。

（2）工序交接检查。对于重要的工序或对工程质量有重大影响的工序，在自检、互检的基础上，还要组织专职人员进行工序交接检查。

（3）隐蔽工程检查。凡是隐蔽工程均应检查认证。

（4）停工后复工前的检查。因处理质量问题或某种原因停工后需要复工时，也应经检查认可方能复工。

（5）分项、分步工程完工后，应经检查认可，签署验收记录后再进行下一工程项目施工。

（6）成品保护检查。检查成品有无保护措施，或保护措施是否可靠。

另外，还应经常深入现场，对施工操作质量进行巡视检查；必要时，应进行跟班或追踪检查。

2. 现场质量检查的方法

现场进行质量检查的方法有目测法、实测法和试验法三种。

（1）目测法。目测法手段可归纳为"看、摸、敲、照"四个字。

看，就是根据质量标准进行外观目测。如墙纸裱糊质量应是：纸面无斑痕、空鼓、气泡、折皱；每一墙面纸的颜色、花纹一致；斜视无胶痕，纹理无压平、起光现象；对缝无离键、搭缝、张嘴；对缝处图案、花纹完整；裁纸的一边不能对缝，只能搭接；墙纸只能在阴角处搭接，阳角应采用包角等。又如，观察清水墙面是否洁净，喷涂是否密实以及颜色是否均匀，内墙抹灰大面及口角是否平直，地面是否光洁平整，油漆浆活表面观感是否符合要求，施工顺序是否合理，工人操作是否正确等，均须通过目测检查、评价。观察检验方法的使用人需要有丰富的经验，经过反复实践才能掌握标准、统一口径。所以这种方法虽然简单，但是却难度最大，应给予充分重视，加强训练。

摸，就是手感检查，主要用于装饰工程的某项检查项目，如水刷石、干黏石黏结牢固程度，油漆的光滑度，浆糊是否掉粉，地面有无起砂等，均可通过手摸加以鉴别。

敲，就是运用工具进行音感检查。对地面工程、装饰工程中的水磨石、面砖、锦砖和大理石贴面等，均应进行敲击检查，通过声音的虚实确定有无空鼓，还可根据声音的清脆和沉闷，判定其属于面层空鼓或是底层空鼓。此外，用手敲玻璃，如发出蚰动声响，一般则是底灰不满或压条不实。

照，对于难以看到或光线较暗的部位，可采用镜子反射或灯光照射的方法进行检查。

（2）实测法。实测法就是通过实测数据与施工规范及质量标准所规定的允许偏差对照，来判别质量是否合格。实测检查法的手段，也可归纳为"靠、吊、量、套"四个字。

靠，是用直尺、塞尺检查墙面、地面、屋面的平整度。如对墙面、地面等要求平整的项目都利用这种方法检验。

吊，是用托线板以线坠吊线检查垂直度。可在托线板上系以线坠吊线，紧贴墙面或在托板上下两端粘以凸出小块，以触点触及受检面进行检验。板上线坠的位置可压托线板的刻度，示出垂直度。

量，是用测量工具和计量仪表等检查断面尺寸、轴线、标高、湿度、温度等的偏差。这种方法用得最多，主要是检查容许偏差项目。如外墙砌砖上下窗口偏移用经纬仪或吊线检查，钢结构焊缝余高用"量规"检查，管道保温厚度用钢针刺入保温层和尺量检查等。

套，是以方尺套方，辅以塞尺检查。如对阴阳角的方正、踢脚线的垂直度、预制构件的方正等项目的检查。对门窗口及构配的对角线（窜角）进行检查，也是套方的特殊手段。

（3）试验法。试验法指必须通过试验手段才能对质量进行判断的检查方法。如对桩或地基的静载试验，确定其承载力；对钢结构的稳定性试验，确定是否产生失稳现象；对钢筋对焊接头进行拉力试验，检验焊接的质量等。

3.质量控制统计法

（1）排列图法。排列图法又称为主次因素分析图法，是用来分析影响工程质量主要因素的一种方法。

（2）因果分析图法。因果分析图法又称为树枝图或鱼刺图，它是用来寻找某种质量问题的所有可能原因的有效方法。在工程实践中，任何一种质量问题的产生，往往是由多种原因所造成的。这些原因有大有小，把这些原因依照大小次序分别用主干、大枝、中枝和小枝图形表示出来，以便一目了然地观察出产生质量问题的原因。运用因果分析图可以帮助我们制定对策，解决工程质量问题，从而达到控制质量的目的。

（3）直方图法。直方图法又称为频数（或频率）分布直方图。它是把从生产工序搜集来的产品质量数据，按照数量整理分成若干级，画出以组距为底边，以根数为高度的一系列矩形图。通过直方图可以从大量统计数据中找出质量分布规律，分析判断工序质量状态，进一步推算工序总体的合格率，并能鉴定工序能力。

（4）控制图法。控制图法又称为管理图。它是反映生产随时间变化而发生的质量变动状态，即反映生产过程中各阶段质量波动状态的图形，是用样本数据分析判断工序（总体）是否处在稳定状态的有效工具。它有两个主要作用：一是分析生产过程是否稳定，为此，应随机地连续收集数据，绘制控制图，观察数据点子分布情况并评定工序状态；二是控制工序质量，要定时抽样取得数据，将其描在图上，随时进行观察，以发现并及时消除生产过程中的失调现象，预防不合格产品出现。

（5）散布图法。散布图法是用来分析两个质量特性之间是否存在相关关系的。即根据影响质量特性因素的各对数据，用点子表示在直角坐标图上，以观察判断两个质量特性之间的关系。

（6）分层法。分层法又称分类法，是将搜集的不同数据，按其性质、来源、影响因素等进行分类和分层研究的方法。它可以使杂乱的数据和错综复杂的因素系统化、条理化，从而找出主要原因，采取相应措施。

（7）统计分析表法。统计分析表法是用来统计整理数据和分析质量问题的各种表格，一般根据调查项目，可设计出不同表格格式的统计分析表，对影响质量的原因做粗略分析和判断。

二、施工项目质量控制的手段

（1）工程项目的施工过程是由一系列相互关联、相互制约的工序构成的，其中工序质量是基础，直接影响着工程项目的整体质量。要控制工程项目施工过程的质量，首先必须控制工序的质量。

（2）在施工项目质量控制过程中，常用的检查检测手段有以下几个方面：

①日常性的检查，即在现场施工过程中，质量控制人员（专业工长、质检员、技术人员）对操作人员进行操作情况及结果的检查和抽查，及时发现质量问题或质量隐患，以便及时进行控制。

②测量和检测，利用测量仪器和检测设备对建筑物水平和竖向轴线、标高、几何尺寸、方位进行控制，对建筑结构施工的有关砂浆或混凝土强度进行检测，严格控制工程质量，发现偏差及时纠正。

③试验及见证取样，各种材料及施工试验应符合相应规范和标准的要求，诸如原材料的性能、混凝土搅拌的配合比和计量、坍落度的检查和成品强度等物理力学性能及打桩的承载能力等，均须通过试验的手段进行控制。

④实行质量否决制度，质量检查人员和技术人员对施工中存有的问题，有权以口头方式或书面方式要求施工操作人员停工或者返工，纠正违章行为，责令将不合格的产品推倒重做。

⑤按规定的工作程序控制，预检、隐检应有专人负责并按规定检查，做出记录，第一次使用的配合比要进行开盘鉴定，混凝土浇筑应经申请和批准，完成的分项工程质量要进行实测实量的检验评定等。

⑥对使用安全与功能的项目实行竣工抽查检测。

对于施工项目质量影响的因素，归纳起来主要有五个方面，即人、材料、机械、施工方法和环境因素。

（3）根据建筑产品特点的不同，可以分别对成品采取"防护""包裹""覆盖""封闭"等保护措施，并合理安排施工顺序来达到保护成品的目的。

第三节　施工质量五大要素的控制

对影响施工项目质量的五大因素进行严加控制，是保证施工项目质量的关键。

一、人的因素的控制

工程建设的全过程，如项目的规划、决策、勘察、设计、施工和验收，都是通过人来完成的，所以人员的配置是工程质量控制的关键，要以人为核心，重点控制人的素质和人的行为，以人的工作质量保证工程质量。因此，我国建筑业实行企业经营资质管理和各类专业从业人员持证上岗的双重保证措施。

人，是指直接参与施工的组织者、指挥者和操作者。人作为管理的对象，是要避免产生失误；作为管理的动力，是要充分调动人的积极性，发挥人的主导作用。为此，除了加强政治思想教育、劳动纪律教育、职业道德教育、专业技术培训，以及健全岗位责任制、改善劳动条件、公平合理地激励劳动热情以外，还须根据工程特点，从确保质量出发，从人的技术水平、人的生理缺陷、人的心理行为、人的错误行为等方面来管理人。

人的管理内容包括组织机构的整体素质和每一个体的知识、能力、生理条件、心理状态、质量意识、行为表现、组织纪律、职业道德等。施工过程中要做到合理用人，发挥团队精神，调动人的积极性。

（一）个体人员因素控制

1.领导者的素质

在对设计、监理承包单位进行资质认证和优选时，一定要考核领导者的素质。

2. 人的理论、技术水平

人的理论、技术水平直接影响着工程质量水平，尤其是对技术复杂、难度大、精度高、工艺新的建筑结构设计或建筑安装的工序操作。

3. 人的违纪、违章

人的违纪、违章，指人粗心大意、漫不经心、注意力不集中、不懂装懂、无知而又不虚心、不履行安全措施、安全检查不认真、随意乱扔东西、任意使用规定外的机械装置、不按规定使用防护用品、玩忽职守、有意违章等，对人的这些行为都必须严加教育。

4. 施工企业管理人员和操作人员控制

建筑施工队伍的管理者和操作者是建筑工程的主体，是工程产品形成的直接创造者。认真抓好操作者的素质教育，不断地提高操作者的生产技能，严格控制操作者的技术资质、资格与准入条件，是施工项目质量管理控制的关键途径。

（1）持证上岗。坚持作业人员持证上岗，特别是重要技术工种、特殊工种、高空作业等，做到有资质才能上岗。

（2）素质教育。加强对现场管理和作业人员的质量意识教育及技术培训。开展作业质量保证的研讨交流活动等。严格现场管理制度和生产纪律，规范人的作业技术和管理活动的行为。加强激励和沟通活动，调动人的积极性。

（二）项目建设实施时期人员因素控制

1. 建设单位

（1）建设单位应将工程发包给具有相应资质等级的承建单位，建设单位不得将建设工程肢解发包。

（2）建设单位应依法对工程项目的勘察、设计、施工、监理以及工程建设有关的重要设备、材料采购进行招标。

（3）建设单位必须向有关的勘察、设计、工程监理等单位提供与建筑工程有关的原始资料，且原始资料必须真实、准确、齐全。

（4）建设单位不得明示或者暗示设计单位或者施工单位违反工程建设强制性标准，降低建设工程质量。

（5）建设单位应将施工图设计文件报县级以上人民政府建设行政主管部

门或者其他有关部门审查。施工图设计文件审查的具体办法，由国务院建设行政主管部门会同国务院其他有关部门制定。施工图设计文件未经审查，不得使用。

（6）监理单位应对不同勘察设计阶段的勘察设计成果的内容和深度进行检查，并严格按照有关程序对工程勘察设计的最后结果进行审查和验收。

2. 勘察、设计单位

（1）从事建设工程勘察、设计的单位应当依法取得相应等级的资质证书，并在其资质等级许可的范围内承揽工程。不得承揽超越其资质等级许可范围的任务，不得将承揽工程转包或违法分包，也不得以任何形式用其他单位的名义承揽业务或允许其他单位或个人以本单位的名义承揽业务。

（2）勘察、设计单位必须按照工程建设强制性标准进行勘察、设计，并对其勘察、设计的质量负责。注册建筑师、注册结构工程师等注册执业人员应当在设计文件上签字，对设计文件负责。

（3）勘察单位提供的地质、测量、水文等勘察成果必须真实、准确。勘察单位项目负责人应始终在作业现场进行指导、督促检查，并对各项作业资料检查、验收、签字。勘察现场的作业人员必须经过专业培训才能上岗。

（4）设计单位应当根据勘察成果文件进行建设工程设计。设计文件应当符合国家规定的设计深度要求，注明工程合理使用年限。

（5）设计单位在设计文件中选用的建筑材料、建筑构配件和设备，应当注明规格、型号、性能等技术指标，其质量要求符合国家规定的标准。

除有特殊要求的建筑材料、专用设备、工艺生产等外，设计单位不得指定生产厂、供应商。

（6）设计单位应当就审查合格的施工设计文件向施工单位做出详细说明。

（7）设计单位应当参与建设工程质量事故分析，并对因设计所造成的质量事故提出相应的技术处理方案。

3. 施工单位

（1）施工单位应当依法取得相应等级的资质证书，并在其资质等级许可的范围内承揽工程。

禁止施工单位超越本单位资质等级许可的业务范围或者以其他施工单位的

名义承揽工程，禁止施工单位允许其他单位或者个人以本单位的名义承揽工程。

施工单位不得转包或者违法分包工程。

（2）施工单位对建设工程的施工质量负责。

施工单位应当建立质量责任制，确定工程项目的项目经理、技术负责人和施工管理负责人。

建设工程实行总承包的，总承包单位应当对全部建设工程质量负责；建设工程勘察、设计、施工、设备采购的一项或者多项实行总承包的，总承包单位应当对其承包的建设工程或者采购设备的质量负责。

（3）总承包单位依法将建设工程分包给其他单位的，分包单位应当按照分包合同的约定对其分包工程的质量向总承包单位负责，总承包单位与分包单位对分包工程的质量承担连带责任。

（4）施工单位必须按照工程设计图和施工技术标准施工，不得擅自修改工程设计，不得偷工减料。施工单位在施工过程中发现设计文件和图纸有差错的，应及时提出意见和建议。

（5）施工单位必须按照工程设计要求、施工技术标准和合同约定，对建筑材料、建筑构配件、设备和商品混凝土进行检验，检验应当有书面记录和专人签字；未经检验或者检验不合格的，不得使用。

（6）施工单位必须建立、健全施工质量的检验制度，严格工序管理，做好隐蔽工程的质量检查和记录。隐蔽工程在隐蔽前，施工单位应当通知建设单位和建设工程质量监督机构。

（7）施工人员对涉及结构安全的试块、试件以及有关材料，应当在建设单位或者工程监理单位的监督下现场取样，并送至具有相应资质等级的质量检测单位进行检测。

（8）施工单位对施工中出现质量问题的建设工程或者竣工验收不合格的建设工程，应当负责返修。

（9）施工单位应当建立、健全教育培训制度，加强对职工的教育培训；未经教育培训或者考核不合格的人员，不得上岗作业。

4.工程监理单位

（1）工程监理单位应当依法取得相应等级的资质证书，并在其资质等级许可的范围内承担工程监理业务。禁止工程监理单位超越本单位资质等级许可的范围或者以其他工程监理单位的名义承担工程监理业务。禁止工程监理单位允许其他单位或者个人以本单位的名义承担工程监理业务。工程监理单位不得转让工程监理业务。

（2）工程监理单位与被监理工程的施工承包单位以及建筑材料、建筑构配件和设备供应单位有隶属关系或者有其他利害关系的，不得承担该项建设工程的监理业务。

（3）工程监理单位应当依照法律、法规以及有关技术标准、设计文件和建设工程承包合同，代表建设单位对施工质量实施监理，并对施工质量承担监理责任。

（4）工程监理单位应当选派具有相应资格的总监理工程师和监理工程师进驻施工现场。

未经监理工程师签字，建筑材料及设备不得在工程上使用或者安装，施工单位不得进行下一道工序的施工；未经总监理工程师签字，建设单位不拨付工程款，不进行竣工验收。

（5）监理工程师应当按照工程监理规范的要求，以旁站、巡视和平行检验等形式，对建设工程实施监理。

二、机械设备控制

施工机械设备是现代建筑施工必不可少的设施，是反映一个施工企业能力的重要方面，对提高劳动生产效率、减轻劳动强度、改善劳动环境、保证工程质量、加快施工速度等都具有重要作用。

1. 施工现场设备控制的内容

现场施工机械设备管理的内容主要包括以下几个方面。

（1）机械设备的选择与配套。任何一个工程项目施工机械设备的合理装备，必须依据施工组织设计。首先，对机械设备的技术经济进行分析，选择既满足生产，技术先进又经济合理的机械设备。结合施工组织设计，分析自测、购买和租赁的分界点，进行合理装备。其次，现场施工机械设备的装备必须配套，使设备在性能、能力等方面相互配套。如果设备数量多，但相互之间不配套，不仅机械性能得不到充分发挥，而且还会造成经济上的浪费，所以不能片面地认为设备的数量越多越好。现场施工机械设备的配套必须考虑主机和辅机的配套关系，在综合机械化组列中前后工序机械设备间的配套关系，大、中、小型工程机械及动力工具的多层次结构的合理比例关系。

（2）现场机械设备的合理使用。现场机械设备管理要处理好"养""管""用"三者之间的关系，遵照机械设备使用的技术规律和经济规律，合理、有效地利用机械设备，使之发挥较高的使用效率。为此，操作人员在使用机械时必须严格遵守操作规程，反对"拼设备""吃设备"等野蛮操作。

（3）为了提高机械设备的完好率，使机械设备经常处于良好的技术状态，必须做好机械设备的维修保养工作。同时，定期检查和校验机械设备的运转情况和工作精度，发现隐患及时采取措施。根据机械设备的性能、结构和使用状况，制订合理的修理计划，以便及时恢复现场机械设备的工作能力，预防事故的发生。

2.施工机械设备使用控制

（1）合理配备各种机械设备。由于工程特点及生产组织形式各不相同，因此，在配备现场施工机械设备时必须根据工程特点，经济合理地为工程配备机械设备，同时还要根据各种机械设备的性能和特点，合理地安排施工生产任务，避免"大机小用""精机粗用"，以及超负荷运转等现象发生。而且应随工程任务的变化及时调整机械设备，使各种机械设备的性能与生产任务相适应。

现场施工单位在确定施工方案和编制施工组织设计时，应充分考虑现场施工机械设备管理方面的要求，统筹安排施工顺序和平面布置图，为机械施工创造必要的条件。如水、电、动力供应，照明的安装、障碍物的拆除，以及机械设备的运行路线和作业场地等。现场负责人要善于协调施工生产和机械使用管理间的矛盾，既要支持机械操作人员的正确意见，又要向机械操作人员进行技术交底和提出施工要求。

（2）实行人机固定的操作证制度。为了保证施工机械设备在最佳状态下运行使用，合理配备足够数量的操作人员并实行机械使用、保养责任制是关键，现场的各种机械设备应定机定组交给一个机组或个人，使之对机械设备的使用和保养负责。操作人员必须经过培训和统一考试合格取得操作证后，方可独立操作。无证人员登机操作应按严重违章操作处理。坚决杜绝为赶进度而任意指派机械操作人员这类事件的发生。

（3）建立、健全现场施工机械设备使用的责任制和其他规章制度。人员岗位责任制，操作人员在开机前、使用中、停机中，必须按规定的项目要求，对机械设备进行检查和例行保养，做好清洁、润滑、调整、紧固、防腐工作。要经常保持机械设备的良好状态，提高机械设备的使用效率，以节约使用费用，取得良好的经济效益。

（4）创造良好的环境和工作条件。

①创造适宜的工作场地。水、电、动力供应充足，工作环境应整洁、宽敞、明亮，特别是夜晚施工时，要保证施工现场的照明。

②配备必要的保护、安全、防潮装置，有些机械设备还必须配备降温、保暖、通风等装置。

③配备必要测量、控制和保险用的仪表和仪器等装置。

④建立现场施工机械设备的润滑管理系统，即实行"五定"（定人、定质、定点、定量、定期）润滑管理制度。

⑤开展施工现场范围内的完好设备竞赛活动。完好设备是指零件、部件和各种装置完整齐全、油路畅通、润滑正常、内外清洁，性能和运转状况均符合标准的设备。

⑥对于在冬季施工中使用的机械设备，要及时采取相应的技术措施，以保证机械正常运转。如准备好机械的预热保温设备；在投入冬季使用前，对机械设备进行一次季节性保养、检查全部技术状态、换用冬季润滑油等。

三、材料的控制

材料（含构配件）是工程施工的物质条件，没有材料就无法施工。材料的质量是保证工程质量的主要因素，材料质量不符合要求，工程质量也就不可能符合标准。所以，加强材料的质量控制是提高工程质量的重要保证，也是创造正常施工条件的前提。

1.材料质量控制的要求

对施工用材料质量控制的基本要求包括以下几个方面：

（1）掌握材料信息，优选供货厂家。

（2）合理组织材料供应，确保施工正常进行。

（3）合理组织材料使用，减少材料的损失。

（4）加强材料检查验收，严把材料质量关。

①对用于工程的主要材料，进场时必须具备正式的出厂合格证和材质化验单。如不具备或对检验证明有影响，应补做检验。

②工程中所有各种构件，必须具有厂家批号和出厂合格证。钢筋混凝土和预应力钢筋混凝土构件，均应按规定的方法进行抽样检验。由于运输、安装等原因出现的构件质量问题，应分析研究，经处理鉴定后方能使用。

③凡标志不清或被认为质量有问题的材料，或对质量保证资料有怀疑或与合同规定不符的一般材料，由工程重要程度决定，应进行一定比例的试验；需要进行追踪检验，以控制和保证其质量的材料等，均应进行抽检。对于进口的材料设备和重要工程或关键施工部位所用的材料，则应进行全部检验。

④材料质量抽样和检验的方法，应符合《建筑材料质量标准与管理规程》中的规定，要能反映该批材料的质量性能。对于重要构件或非均质的材料，还应酌情增加采样的数量。

⑤在现场配制的材料，如混凝土、砂浆、防水材料、防腐材料、绝缘材料、保温材料等的配合比，应先提出试配要求，经试配检验合格后方可使用。

⑥对进口材料、设备应会同商检局检验，如核对凭证书发现问题，应取得供方和商检人员签署的商务记录，并按期提出索赔。

⑦高压电缆、电压绝缘材料要进行耐压试验。

（5）要重视材料的使用认证，以防错用或使用不合格的材料。

①对主要装饰材料及建筑配件，应在订货前要求厂家提供样品或看样订货；主要设备订货时，要审核设备清单是否符合设计要求。

②对材料性能、质量标准、适用范围和对施工要求必须充分了解，慎重选择和使用材料。

③凡是用于重要结构、部位的材料，使用时必须仔细地核对、认证，检查材料的品种、规格、型号、性能有无错误，是否适合工程特点和满足设计要求。

④新材料的应用必须通过试验和鉴定；代用材料必须通过计算和充分的论证，并应符合结构构造的要求。

⑤材料认证不合格时，不得用于工程中；有些不合格的材料，如过期、受

潮的水泥是否降级使用，必须结合工程的特点予以论证，但绝不可用于重要的工程或部位。

2.材料的选择与使用

材料的选择和使用不当，均会严重影响工程质量或造成质量事故。为此，必须针对工程特点，根据材料的性能、质量标准、适用范围和对施工的要求等方面进行综合考虑，慎重地选择和使用材料。

四、方法的控制

方法控制是指在工程项目整个建设期内所采取的技术方案、工艺流程、组织措施、检测手段、施工组织设计等的控制。技术方案是否合理，工艺流程是否先进，组织措施、检测手段、施工组织设计是否正确，都将对工程质量产生重大的影响。方法的控制是影响工程质量的重要因素。对施工方法的管理，着重抓好以下几个关键：

（1）施工方案应随工程进展而不断细化和深化。

（2）选择施工方案时，对主要项目要拟定几个可行的方案，突出主要矛盾，摆出其主要优点，以便反复讨论与比较，选出最佳方案。

（3）对主要项目、关键部位和难度较大的项目，如新结构、新材料、新工艺、大跨度、大悬臂、高大的结构部位等，在制定方案时要充分估计到可能发生的施工质量问题和处理方法。

五、环境因素的控制

创造良好的施工环境，对于保证工程质量和施工安全、实现文明施工、树立施工企业的社会形象等都具有极其重要的作用。施工环境管理，既包括对自然环境特点和规律的了解、限制、改造及利用问题，也包括对管理环境及劳动作业环境的创设活动。

影响工程质量的环境因素较多，有工程技术环境，如工程地质、水文、气象等；工程管理环境，如质量保证体系、质量管理制度等；劳动环境，如劳动组合、作业场所、工作面等。根据工程特点和具体条件，应对影响质量的环境因素采取有效措施严加控制。尤其是施工现场，应创建文明施工和文明生产的环境，保持材料工件堆放有序，道路畅通，工作场所清洁整齐，施工程序井井有条，为确保质量、安全创造良好的条件。

（1）施工现场劳动作业环境的控制。施工现场劳动作业环境大到整个建设场地施工期间的使用规范安排，要科学合理地做好施工总平面布置图的设计，使整个建设场地的施工临时道路、给水排水及供热供气管道、供电通信线路、施工机械设备和装置、建筑材料制品的堆场和仓库、现场办公及生活或休息设施等的布置有条不紊，安全、通畅、整洁、文明，消除有害影响和相互干扰。作业环境小至每一施工作业场所的材料器具堆放状况，通风照明及有害气体、粉尘的防备措施条例的落实等。这些条件是否良好，直接影响施工能否顺利进行以及施工的质量。

（2）施工现场自然环境的控制。施工现场自然环境的控制主要是掌握施工现场水文、地质和气象资料信息，以便在制定施工方案、施工计划和措施时，能够从自然环境的特点和规律出发，建立地基和基础施工对策，防止地下水、地面水对施工的影响，保证周围建筑物及地下管线的安全；从实际条件出发做好冬雨期施工项目的安排和防范措施；加强环境保护和建设公害的治理。

（3）施工现场施工管理环境的控制。施工现场施工管理环境的控制主要是根据承发包的合同结构，理顺各参建施工单位之间的管理关系，建立现场施工组织系统和质量管理的综合运行机制。确保施工程序的安排以及施工质量形成过程能够起到相互促进、相互制约、协调运转的作用。此外，在管理环境的创设方面，还应注意与现场近邻的单位、居民及有关方面做好协调、沟通，搞好关系，以取得他们对施工造成的干扰和不便给予必要的谅解和支持配合。

第三章　地基与基础工程质量管理

第一节　土方工程

一、土方开挖

1. 土方工程施工前的准备工作

土方工程施工前的准备工作是一项非常重要的基础性工作，准备工作充分与否，对土方工程施工能否顺利进行起着确定性作用。土方工程施工前的准备工作概括起来主要有以下几个方面：

（1）场地清理。场地清理包括清理地面及地下各种障碍。在施工前应拆除旧建筑；拆迁或改建通信、电力设备，上、下水道以及地下建（构）筑物；迁移树木并去除耕植土及河塘淤泥等。此项工作由业主委托有资质的拆卸公司或建筑施工公司完成，发生费用由业主承担。

（2）排除地面水。场地内低洼地区的积水必须排除，同时应注意雨水的排除，使场地保持干燥，以利于土方施工。地面水的排除一般采取排水沟、截水沟、挡水土坝等措施。

（3）修筑临时设施。修筑好临时道路及供水、供电等临时设施，做好材料、机具及土方机械的进场工作。

（4）定位放线。土方开挖施工时，应按建筑施工图和测量控制网进行测量放线，开挖前应按设计平面图，认真检查建筑物或构筑物的定位桩或轴线控制桩；按基础平面图和放坡宽度，对基坑的灰线进行轴线和几何尺寸的复核，并认真核查工程的朝向、方位是否符合图样内容；办理工程定位测量记录、基槽验线记录。

2. 土方开挖过程中的质量控制

（1）土方开挖时应遵循"开槽支撑，先撑后挖，分层开挖，严禁超挖"的原则，检查开挖的顺序为平面位置、水平标高和边坡坡度。

（2）机械开挖时，要配合一定程度的人工清土，将机械挖不到的地方的弃土运到机械作业的半径内，由机械运走。机械开挖到接近槽底时，用水准仪控制标高，预留 200~300 mm 土层进行人工开挖，以防止超挖。

（3）开挖过程中，应经常测量和校核平面位置、水平标高、边坡坡度，并随时观测周围的环境变化，对地面排水和降低地下水位工作等进行检查和监控。

（4）基坑（槽）挖至设计标高后，对原土表面不得扰动，并及时进行地基钎探、垫层等后续工作。

（5）严格控制基底标高。如个别地方发生超挖，严禁用虚土回填，处理方法应征得设计单位的同意。

（6）雨期施工时，要加强对边坡的保护。可适当放缓边坡或设置支护，同时在坑外侧围挡土堤或开挖水沟，防止地面水流入。冬季施工时，要防止地基受冻。

3. 土方开挖质量检验

（1）土方开挖前应检查定位放线、排水和降低地下水位系统，合理安排土方运输车的行走路线及弃土场。

（2）施工过程中应检查平面位置、水平标高、边坡坡度、压实度、排水、降低地下水位系统，并随时观测周围的环境变化。

4. 工程质量通病及防治措施

（1）边坡超挖。

边坡面界面不平，出现较大凹陷，造成积水，使边坡坡度加大，影响边坡稳定。

防治措施如下：

①机械开挖应预留 0.3 m 厚土层，采用人工修坡。

②松软土层应避免各种外界机械车辆等的扰动，并采取适当的保护措施。

③加强测量复测，进行严格定位，在坡顶边脚设置明显标志和边线，并设

专人检查。

（2）基土扰动。

基坑挖好后，地基土表层局部或大部分出现松动、浸泡等情况，原土结构遭到破坏，造成承载力降低，基土下沉。

防治措施如下：

①基坑挖好后，立即浇筑混凝土垫层保护地基；不能立即浇筑垫层时，应预留一层 150~200 mm 厚土层不挖，待下一道工序开始后再挖至设计标高。

②基坑挖好后，避免在基土上行驶施工机械和车辆或堆放大量材料。必要时，应铺路基箱或填道木保护。

③基坑四周应做好排降水措施，降水工作应持续到基坑回填土完毕。雨期施工时，基坑应挖好一段浇筑一段混凝土垫层。冬季施工时，如基底不能浇筑垫层，应在表面进行适当覆盖保温，或预留一层 200~300 mm 厚土层后挖，以防冻胀。

（3）基底标高或土质不符合要求。

基底标高或土质不符合要求主要指基坑（槽）底标高不符合设计规定值，或基底持力土质不符合设计要求，或被人工扰动。前者会导致浅基础埋置深度不足或超挖，后者会导致持力层承载能力降低。原因是：测量放线错误，导致基底标高不足或过深；或地质勘察资料与实际情况不符，虽已挖至设计规定深度，但土质仍不符合设计要求；或选用的施工机械和施工方法不当，造成超挖等。

防治措施如下：

①控制桩或标志板被碰撞或移动时，应及时复测纠正，防止标高出现误差。

②采用机械开挖基坑（槽），在基底以上应预留一层 200~300 mm 厚土方人工开挖，以防止超挖。

③基坑（槽）挖至基底标高后应会同设计、监理（或建设）单位检查基底土质是否符合要求，并做隐蔽工程记录。如不符合要求，应一起协商处理。

④当个别部位超挖时，应用与基土相同的土料填补，并夯至要求的密度。

（4）基坑（槽）开挖遇流沙。

质量通病：当基坑（槽）开挖深于地下水位 0.5 m 以下，采取坑内抽水时，坑（槽）底下面的土产生流动状态，随地下水一起涌进坑内，出现边挖边冒、无法挖深的现象。发生流沙时，土会完全失去承载力，不仅会使施工条件恶化，严重的还会引起基础边坡塌方，使地基被掏空而下沉、倾斜，甚至倒塌。

防治措施如下：

①防治方法主要是减小或平衡动水压力或使动水压力向下，使坑底土粒稳定，不受水压的干扰。

②安排在全年最低水位季节施工，使基坑内动水压力减小。

③采取水下挖土（不抽水或少抽水），使坑内水压与坑外地下水压相平衡或缩小水头差。

④采用井点降水，使水位降至距离坑底 0.5 m 以上，动水压力方向朝下，坑底土面保持无水状态。

⑤沿基坑外围四周打板桩，深入坑底面一定深度，增加地下水从坑外流入坑内的渗流路线和渗水量，减小动水压力；或采用化学压力注浆，固结基坑周围粉砂层，使其形成防渗帷幕。

⑥往坑底抛大石块，增加土的压重和减小动水压力，同时组织人员快速施工。若基坑面积较小，可在四周设钢板护筒，并随着挖土不断加深，直至穿过流沙层。

二、土方回填

（一）土方回填工程质量控制

1. 材料质量要求

（1）土料：可采用就地挖出的黏性土及塑性指数大于 4 的粉土，土内不得含有松软杂质和耕植土；土料应过筛，其颗粒不应大于 15 mm；回填土含水量要符合压实要求。

（2）碎石类土、砂土和爆破石渣：可用于表层以下的填料，其最大颗粒不大于 50 mm。

2. 施工过程质量控制

（1）土方回填前应清除基底的垃圾、树根等杂物，基底有积水、淤泥时应将其抽除。

（2）查验回填土方的土质及含水量是否符合要求，填方土料应按设计要求验收后方可填入。

（3）土方回填过程中，填筑厚度及压实遍数应根据土质、压实系数及所用机具确定。

（4）基坑（槽）回填时应在相对两侧或四周同时进行回填和夯实。

（二）土方回填质量检验

（1）土方回填前应清除基底的垃圾、树根等杂物，抽除坑穴积水、淤泥，验收基底标高。如在耕植土或松土上填方，应在基底压实后进行。

（2）对填方土料应按设计要求验收后方可填入。

（3）填方施工过程中应检查排水措施，每层填筑厚度、含水量控制、压实程度。填筑厚度及压实遍数应根据土质、压实系数及所用机具确定。

（4）填方施工结束后，应检查标高、边坡坡度、压实程度等。

（三）工程质量通病及防治措施

1.填方基底处理不当

质量通病：填方基底未经处理，局部或大面积填方出现下陷，或发生滑移等现象。

防治措施如下：

（1）回填土方基底上的草皮、淤泥、杂物应清除干净，排除积水，耕土、松土应先经夯实处理，然后回填。

（2）填土场地周围做好排水措施，防止地表滞水流入基底而浸泡地基，造成基底土下陷。

（3）对于水田、沟渠、池塘或含水量很大的地段回填，基底应根据具体情况采取排水、疏干、挖去淤泥、换土、抛填片石、填砂砾石、翻松、掺石灰压实等处理措施，以加固基底土体。

（4）当填方地面陡于1/5时，应先将斜坡挖成阶梯形，阶高0.2~0.3 m，阶宽大于1 m，然后分层回填夯实，以利于合并，防止滑动。

（5）冬季施工基底土体受冻易胀，应先解冻，夯实处理后再进行回填。

2. 回填土质不符合要求，密实度差

质量通病：基坑（槽）填土出现明显沉陷和不均匀沉陷，导致室内地坪开裂及室外散水坡裂断、空鼓、下陷。

防治措施如下：

（1）填土前，应清除沟槽内的积水和有机杂物。当发现有地下水或滞水时，应采用相应的排水和降低地下水位的措施。

（2）基槽回填顺序，应按基底排水方向由高至低分层进行。

（3）回填土料质量应符合设计要求和施工规范的规定。

（4）回填应分层进行，并逐层夯压密实。每层铺填厚度和压实要求应符合施工及验收规范的规定。

3. 基坑（槽）回填土沉陷

质量通病：基坑（槽）回填土局部或大片出现沉陷，造成靠墙地面、室外散水空鼓、下陷，建筑物基础积水，有的甚至引起建筑结构不均匀下沉出现裂缝。

防治措施如下：

（1）基坑（槽）回填前，应将槽中积水排净，将淤泥、松土、杂物清理干净，如有地下水或地表滞水，应有排水措施。

（2）回填土采取分层回填、夯实。每层虚铺土厚度不得大于 300 mm。土料和含水量应符合规定。回填土密实度要按规定抽样检查，使其符合要求。

（3）填土土料中不得含有直径大于 50 mm 的土块，不应有较多的干土块，亟须进行下一道工序时，宜用 2∶8 或 3∶7 灰土回填夯实。

（4）如地基下沉严重并继续发展，应将基槽透水性大的回填土挖除，重新用黏土或粉质黏土等透水性较小的土回填夯实，或用 2∶8 或 3∶7 灰土回填夯实。

（5）如地基下沉较小并已稳定，可填灰土或黏土、碎石混合物夯实。

4. 基础墙体被挤动变形

质量通病：夯填基础墙两侧土方或用推土机送土时，将基础墙体挤动变形，造成基础墙体裂缝、破裂轴线偏移，严重影响了墙体的受力性能。

防治措施如下：

（1）基础两侧用细土同时分层回填夯实，使受力平衡。两侧填土高差不超过 300 mm。

（2）若暖气沟或室内外回填标高相差较大，回填土时可在另一侧临时加木支撑顶牢。

（3）基础墙体施工完毕，达到一定强度后再进行回填土施工。同时避免在单侧临时大量堆土、材料或设备，以及行走重型机械设备。

（4）对已造成基础墙体开裂、变形、轴线偏移等严重影响结构受力性能的质量事故，要会同设计部门，根据具体损坏情况，采取加固措施（如填塞缝隙、加围套等），或将基础墙体局部或大部分拆除重砌。

第二节　桩基工程

桩基是一种深基础，桩基一般由设置在土中的桩和承接上部结构的承台组成。桩基工程是地基与基础分部工程的子分部工程。桩基工程根据类型不同可分为静力压桩、预应力离心管桩、钢筋混凝土预制桩、钢桩、混凝土灌注桩等分项工程。

一、钢筋混凝土预制桩

（一）钢筋混凝土预制桩工程质量控制

1.材料质量要求

（1）粗集料。应采用质地坚硬的卵石、碎石，其粒径宜用 5~40 mm 连续级配，含泥量不大于 2%，无垃圾及杂物。

（2）细集料。应选用质地坚硬的中砂，含泥量不大于 3%，无有机物、垃圾、泥块等杂物。

（3）水泥。宜用强度等级为 42.5 的硅酸盐水泥或普通硅酸盐水泥，使用前必须有出厂质量证明书和水泥现场取样复试试验报告，合格后方可使用。

（4）钢筋。应具有出厂质量证明书和钢筋现场取样复试试验报告，合格后方可使用。

（5）拌合用水。一般为饮用水或洁净的自然水。

（6）混凝土配合比。用现场材料，按设计要求强度和经实验室试配后出具的混凝土配合比进行配合。

（7）钢筋骨架。钢筋骨架应符合相关规定。

（8）成品桩检查。采用工厂生产的成品桩时，桩进场后应进行外观及尺寸检查，要有产品合格证书。成品桩在运输过程中容易碰坏，为此，桩进场后应进行外观及尺寸检查。

2.施工过程质量控制

（1）预制桩钢筋骨架质量控制。

①桩主筋可采用对焊或电弧焊，同一截面的主筋接头不得超过50%，相邻主筋接头截面的距离应大于354 mm且不小于500 mm。

②为了防止桩顶击碎，桩顶钢筋网片位置要严格控制按图施工，并采取措施将网片位置固定正确、牢固，保证混凝土浇筑时不移位；浇筑预制桩混凝土时，从柱顶开始浇筑，要保证柱顶和桩尖不积聚过多的砂浆。

③为防止锤击时桩身出现纵向裂缝，导致桩身击碎，被迫停锤，预制桩钢筋骨架中主筋距桩顶的距离必须严格控制，绝不允许出现主筋距桩顶面过近甚至触及桩顶的质量问题。

④预制桩分段长度的确定。应在掌握地层土质的情况下，确定分段桩长度时要避开桩接近硬持力层或桩尖处于硬持力层中接桩，防止桩尖停在硬层内接桩；电焊接桩应抓紧时间，以免耗时长，桩摩阻得到恢复，使桩下沉产生困难。

（2）混凝土预制桩的起吊、运输和堆存质量控制。

①预制桩达到设计强度70%方可起吊，达到100%才能运输。

②桩水平运输，应用运输车辆，严禁在场地上直接拖拉桩身。

③垫木和吊点应保持在同一横断面上，且各层垫木上下对齐，防止垫木参差不齐造成而造成桩被剪切断裂。

④根据许多工程的实践经验，凡龄期和强度都达到的预制桩，才能顺利打入土中，很少打裂。沉桩应做到强度和龄期双控制。

（3）混凝土预制桩接桩施工质量控制。

①硫黄胶泥锚接法仅适用于软土层，管理和操作要求较严；一级建筑桩基或承受拔力的桩应慎用。

②焊接接桩材料：钢板宜用低碳钢，焊条宜用 E43；焊条使用前必须经过烘焙，降低烧焊时含氢量，防止焊缝产生气孔而降低其强度和韧性；焊条烘焙应有记录。

③焊接接桩时，应先将四角点焊固定，焊接必须对称进行以保证设计尺寸正确，使上下节桩对正。

（4）混凝土预制桩沉桩质量控制。

①沉桩顺序是打桩施工方案的一项十分重要的内容，必须正确选择、确定，避免桩位偏移、上拔、地面隆起过多、邻近建筑物破坏等事故发生。

②沉桩中停止锤击应根据桩的受力情况确定，摩擦型桩以标高为主，贯入度为辅，而端承型桩应以贯入度为主，标高为辅，并进行综合考虑；当两者差异较大时，应会同各参与方进行研究，共同确定停止锤击桩标准。

③为避免或减少沉桩挤土效应和对邻近建筑物、地下管线的影响，在施打大面积密集桩群时，可采取预钻孔，设置袋装砂井或塑料排水板，消除部分超孔隙水压力以减少挤土现象，设置隔离板桩或地下连续墙、开挖地面防震沟以消除部分地面振动等辅助措施。无论采取一种措施还是或多种措施，在沉桩前都应对周围建筑、管线进行原始状态观测数据记录，在沉桩过程应加强观测和监护，每天在监测数据的指导下进行沉桩，做到有备无患。

④插桩是保证桩位正确和桩身垂直度的重要开端，插桩应控制桩的垂直度，并应逐桩记录，以备核对查验避免打偏。

（二）钢筋混凝土预制桩质量检验

（1）桩在现场预制时，应对原材料、钢筋骨架、混凝土强度进行检查；采用工厂生产的成品桩时，桩进场后应进行外观及尺寸检查。

（2）施工中应对桩体垂直度、沉桩情况、桩顶完整状况、接桩质量等进行检查；对电焊接桩，重要工程应做 10% 的焊缝探伤检查。

（3）施工结束后，应对承载力及桩体质量做检验。

（4）对长桩或总锤击数超过 500 击的锤击桩，应符合桩体强度及 28 d 龄期的两项条件才能锤击。

（5）钢筋混凝土预制桩的质量检验标准应符合规定。

（三）工程质量通病及防治措施

1. 桩顶加强钢筋网片互相重叠或距桩顶距离大

桩顶钢筋网片重叠在一起或距桩顶距离超过设计要求，易使网片间和桩顶部混凝土击碎，露出钢筋骨架，无法继续打（沉）桩。

2. 桩顶钢筋骨架主筋布置不符合要求

质量通病：混凝土预制桩钢筋骨架的主筋离桩顶距离过小或触及桩顶。锤击沉桩或压桩时，压力直接传至主筋，桩身出现纵向裂缝。

防治措施：主筋距桩顶距离按设计图施工，主筋长度按偏差 –10mm 执行，不得出现正偏差。

3. 桩顶位移或桩身上浮、涌起

质量通病：在沉桩过程中，相邻的桩产生横向位移或桩身上涌，影响和降低桩的承载力。

防治措施如下：

（1）沉桩两个方向吊线坠检查垂直度；桩不正以及桩尖不在桩纵轴线上时不宜使用，一节桩的细长比不宜超过 40。

（2）应注意打桩顺序，同时避免打桩期间同时开挖基坑，一般宜间隔 414d（d 为桩直径），以消除孔隙压力，避免桩产生位移或涌起。

（3）位移过大，应拔出，移位再打；位移不大，可用木架顶正，再慢锤打入；障碍物埋设不深，可挖出回填后再打；上浮、涌起量大的桩应重新打入。

4. 接桩处松脱开裂、接长桩脱桩

质量通病：接桩处经过锤击后，出现松脱开裂等现象；长桩打入施工完毕检查完整性时，发现有的桩出现脱节现象（拉开或错位）降低和影响桩的承载能力。

防治措施如下：

（1）连接处的表面应清理干净，不得留有杂质、雨水和油污等。

（2）采用焊接或法兰连接时，连接铁件及法兰表面应平整，不能有较大的间隙，否则极易造成焊接不牢或螺栓拧不紧。

（3）采用硫黄胶泥接桩时，硫黄胶泥配合比应符合设计规定，严格按照操作规程熬制，温度控制要适当等。

（4）上下节桩双向校正后，其间隙用薄铁板填实焊牢，所有焊缝要连续饱满，按焊接质量要求操作。

（5）对因接头质量引起的脱桩，若未出现错位情况，属有修复可能的缺陷桩。当成桩完成，土体扰动现象消除后，采用复打方式，可弥补缺陷，恢复功能。

（6）对遇到复杂地质情况的工程，为避免出现桩基质量问题，可改变接头方式，如采用钢套方法，在接头部位设置抗剪键，插入后焊死，以有效防止脱开。

二、钢筋混凝土灌注桩

（一）钢筋混凝土灌注桩工程质量控制

1. 材料质量要求

（1）粗集料。选用质地坚硬的卵石或碎石，卵石粒径 ≤ 50 mm，碎石 ≤ 40 mm，含泥量 ≤ 2%，无杂质。

（2）细集料。选用质地坚硬的中砂，含泥量 ≤ 5%，无杂物。

（3）水泥。宜用 42.5 级的普通硅酸盐水泥或硅酸盐水泥，见证复试合格后方准使用，严禁用快硬的水泥浇筑水下混凝土。

（4）钢筋。应有出厂合格证，见证复试合格后方准使用。

2. 施工过程质量控制

混凝土灌注桩的质量检验应比其他桩种更严格，这是工艺本身的要求，由其引发的工程事故也较多，因此，对监测手段要事先落实。

（1）施工前，施工单位应根据工程具体情况编制专项施工方案，监理单位应编制确实可行的监理实施细则。

（2）灌注桩施工，应先做好建筑物的定位和测量放线工作，施工过程中应对每根桩位复查（特别是定位桩的位置），以确保桩位。

（3）施工前应对水泥、砂、石子、钢材等原材料进行检查，并对进场的机械设备、施工组织设计中制定的施工顺序、检测手段进行检查。

（4）桩施工前，应进行"试成孔"。试孔桩的数量每个场地不少于两个，通过试成孔检查核对地质资料、施工参数及设备运转情况。

（5）试孔结束后应检查孔径、垂直度、孔壁稳定性等是否符合设计要求。

（6）检查建筑物位置和工程桩位轴线是否符合设计要求。应对每根桩位复核，桩位的放样允许偏差如下：群桩 20 mm，单排桩 10 mm。泥浆护壁成孔桩应检查护筒的埋设位置，人工挖孔灌注桩应检查护壁井圈的位置。

（7）在施工过程中必须随时检查施工记录，并对照规定的施工工艺对每根桩进行质量检查。检查重点是：成孔、沉渣厚度（二次清孔后的结果）、放置钢筋笼、灌注混凝土等进行全过程，人工挖孔桩尚应复验孔底持力层土（岩）性。嵌岩桩必须有桩端持力层的岩性报告。

（8）泥浆护壁成孔桩成孔过程要检查钻机就位的垂直度和平面位置，开孔前对钻头直径和钻具长度进行量测，并记录备查，检查护壁泥浆的相对密度及成孔后沉渣的厚度。

（9）人工挖孔桩挖孔过程中要随时检查护壁的位置、垂直度，及时纠偏。上下节护壁的搭接长度大于 50 mm。挖至设计标高后，检查孔壁、孔底情况，及时清除孔壁渣土淤泥、孔底残渣、积水。

（二）水泥土搅拌桩地基质量检验

（1）施工前应对水泥、砂、石子、钢材等原材料进行检查（如现场搅拌），对施工组织设计中制定的施工顺序、检测手段（包括仪器、方法）也应检查。

（2）施工中应对成孔、清渣、放置钢筋笼、灌注混凝土等进行全过程检查，人工挖孔桩尚应复验孔底持力层土（岩）性。嵌岩桩必须有桩端持力层的岩性报告。

（3）施工结束后，应检查混凝土强度，并做桩体质量及承载力的检验。

（4）混凝土灌注桩的质量检验标准应符合规定。

（三）工程质量通病及防治措施

1. 钻孔出现偏移、倾斜

质量通病：成孔后不直，出现较大的垂直偏差，降低桩的承载能力。

防治措施如下：

（1）安装钻机时，要对导杆进行水平和垂直校正，检修钻孔设备，如发现钻杆弯曲及时调换或更换；遇软硬土层、倾斜岩层或砂卵石层应控制进尺，低速钻进。

（2）桩孔偏斜过大时，可填入石子、黏土重新钻进，控制钻速、慢速上下提升、下降，扫孔纠正；如遇探头石，宜用钻机钻透；用冲击钻时，宜用低锤密击，把石块击碎；遇倾斜基岩时，可投入块石，使表面略平，再用冲锤密打。

2. 灌注桩出现脚桩、断桩

质量通病：成孔后，桩身下部局部没有混凝土或夹有泥土形成吊脚桩；水下灌注混凝土，桩截面上存在泥夹层造成断桩。两类情形导致桩的整体性破坏，影响桩承载力。

防治措施如下：

（1）做好清孔工作，达到要求立即灌注桩混凝土，控制间歇不超过 4 h。注意控制泥浆密度，同时使孔内水位经常保持高于孔外水位 0.5 m 以上，以防止塌孔。

（2）力争首批混凝土一次浇灌成功；钻孔选用较大密度和黏度、胶体率好的泥浆护壁；控制进尺速度，保持孔壁稳定。导管接头应用方螺纹连接，并设橡胶圈密封严密；孔口护筒不应埋置太浅；下钢筋笼骨架过程中，不应碰撞孔壁；遇到施工中突然下雨，要力争一次性灌注完成。

（3）灌注桩孔壁严重塌方或导管无法拔出形成断桩，可在一侧补桩；深度不大可挖出，对断桩处做适当处理后，支模重新浇筑混凝土。

3. 扩大头偏位

质量通病：由于扩大头处土质不均匀，或者雷管和炸药放置的位置不正，或者是由于引爆程序不当而造成扩大头不在规定的桩孔中心而偏向一边。

防治措施：为避免扩大头偏位，在选择扩孔位置的土层时，要选择强度较高、土质均匀的土层作为扩大头的持力层；同时在爆扩时，雷管要垂直放于药包的中心，药包放于孔底中心并稳固好，当孔底不平时，应铺干砂垫平再放药包，以防止爆扩后扩大头偏位。爆扩大头后，一般第一次灌注的混凝土量填不满扩大头的空腔。这时可用测孔器测出扩大头是否有偏头现象。如果发生偏头事故，在偏头的后方孔壁边再放一小药包，并浇灌少量混凝土，进行补充爆扩。

第三节　地基及基础处理工程

一、灰土地基、砂和砂石地基

（一）灰土地基、砂和砂石地基工程质量控制

1. 材料质量要求

（1）土料：优先采用就地挖出的黏土及塑性指数大于4的粉土。土内不得含有块状黏土、松软杂质等；土料应过筛，其颗粒不应大于15 mm，含水量应控制在最优含水量的 ±2% 范围内。严禁采用冻土、膨胀土和盐渍土等活动性较强的土料及地表耕植土。

（2）石灰：应用Ⅲ级以上新鲜的块灰，氧化钙、氧化镁含量越高越好，使用前消解并过筛，其颗粒不得大于5 mm，并不得夹有未熟化的生石灰块及其他杂质或有过多的水分。

（3）灰土：石灰、土过筛后，应按设计要求严格控制配合比。灰土拌和应均匀一致，至少翻2~3次，达到颜色一致。

（4）水泥：选用强度为42.5级硅酸盐水泥或普通硅酸盐水泥，其稳定性和强度应经复试合格。

（5）砂及砂石：采用中砂、粗砂、碎石、卵石、砾石等材料，所有的材料内不得含有草根、垃圾等有机杂质，碎石或卵石的最大粒径不宜大于50 mm。

2. 施工过程质量控制

（1）先验槽，将基坑（槽）内的积水、淤泥清除干净，合格后方可铺设。

（2）灰土配合比应符合设计规定，一般采用石灰与土的体积比为3：7或2：8。

（3）分段施工时，不得在转角、柱墩及承重窗间隔下面接缝。接头处应做成斜坡，每层错开 0.5~1.0 m，并充分捣实。

（4）灰土的干密度或贯入度，应分层进行检验，检验结果必须符合设计要求。

（5）施工过程中应严格控制分层铺设的厚度，并检查分段施工时上下两层的搭接长度、夯压遍数、压实参数。

（6）一层当天夯（压）不完需隔日施工留槎时，在留槎处保留 300~500 mm 虚铺灰，不夯（压），待次日接槎时与新铺灰土拌和重铺后再进行夯（压）。

（7）须分段施工的灰土地基，留槎位置应避开墙角、柱基及承重的窗间墙位置。上下两层灰土的接缝间距不得小于 500 mm，接槎时应沿槎垂直切齐，接缝处的灰土应充分夯实。

（8）灰土基层有高低差时，台阶上下层间压槎宽度应不小于灰土地基厚度。

（9）最优含水量可通过击实试验确定。含水量一般为 14%~18%，以"手握成团、落地开花"为好。

（10）夯打（压）遍数应根据设计要求的干土密度和现场试验确定，一般不少于 3 遍。

（11）用蛙式打夯机夯打灰土时，要求后行压前行半行，循序渐进。用压路机碾压灰土，应使后遍轮压前遍轮印的半轮，循序渐进。用木夯或石夯进行人工夯打灰土，举夯高度不应小于 600 mm（夯底高过膝盖），夯打程序分为四步：夯倚夯，行倚行；夯打夯间，一夯压半夯；分打行间，一行压半行；行间打夯，仍应一夯压半夯。

（12）灰土回填每层夯（压）实后，应根据规范进行环刀取样，测出灰土的质量密度，达到设计要求时，才能进行上一层灰土的铺摊。压实系数采用环刀法取土检验，压实质量应符合设计要求，压实标准一般取 0.95。

（二）灰土地基、砂和砂石地基质量检验

1.灰土地基

（1）灰土土料、石灰或水泥（当水泥替代灰土中的石灰时）等材料及配合比应符合设计要求，灰土应搅拌均匀。

（2）施工过程中应检查分层铺设的厚度、分段施工时上下两层的搭接长度、夯实时加水量、夯实遍数、压实系数。

（3）施工结束后，应检验灰土地基的承载力。

2. 砂和砂石地基

（1）砂、石等原材料质量、配合比应符合设计要求，砂、石应搅拌均匀。

（2）施工过程中必须检查分层厚度、分段施工时搭接部分的压实情况、加水量、压实遍数、压实系数。

（3）施工结束后，应检验砂、石地基的承载力。

（三）工程质量通病及防治措施

1. 灰土地基接槎处理不正确

质量通病：接槎位置不正确，接槎处灰土松散不密实；未分层留槎，接槎位置不符合规范要求；上下两层接槎未错开 500 mm 以上，并做成直槎，导致接槎处强度降低，出现不均匀沉降，使上部建筑开裂。

防治措施：接槎位置应按规范中规定的位置留设；分段施工时，不得留在墙角、桩基及承重窗间墙下接缝，上下两层的接缝距离不得小于 500 mm，接缝处应夯压密实，并做成直槎；当灰土地基高度不同时，应做成阶梯形，每阶宽不少于 500 mm；同时注意接槎质量，每层虚土应从留缝处往前延伸 500 mm，夯实时应夯过接缝 300 mm 以上。

2. 砂和砂石地基用砂石级配不匀

质量通病：人工级配砂石地基中的配合比例是通过试验确定的，如不拌和均匀铺设，将使地基中存在不同比例的砂石料，甚至出现砂窝或石子窝，使密实度达不到要求，降低地基承载力，在荷载作用下产生不均匀沉陷。

防治措施：人工级配砂石料必须按体积比或重量比准确计量，用人工或机械拌和均匀，分层铺填夯压密实；对不符合要求的部位应挖出，重新拌和均匀，再按要求铺填夯压密实。

3. 地基密实度达不到要求

灰土地基中，由于所使用的材料不纯，砂土地基中所使用的砂、石中含有草根、垃圾等杂质，分层虚铺土的厚度过大，未能根据所采用的夯实机具控制虚铺厚度而造成地基密实度达不到要求。因此，施工中应根据造成密实度不够的原因采取相应的预防和处理措施。

4. 虚铺土层厚度不均，接槎位置不正确

当灰土、砂和砂石地基基础分层、分段施工时，留槎的形状、位置、尺寸及接槎方法不符合要求。施工过程中应分析缺陷造成的具体原因，并根据缺陷原因采取相应的预防和处理措施。

二、水泥土搅拌桩地基

（一）水泥土搅拌桩地基工程质量控制

1. 材料质量要求

（1）水泥。宜采用强度为 42.5 级的普通硅酸盐水泥。水泥进场时，应检查产品标签、生产厂家、产品批号、生产日期等，并按批量、批号取样送检。

（2）外渗剂。减水剂选用木质素磺酸钙，早强剂选用三乙酰胺、氯化钙、硅酸钠或二水玻璃等材料，掺入量可通过试验确定。

2. 施工过程质量控制

（1）施工前应检查水泥及外掺剂的质量、搅拌机工作性能及各种计量设备（主要是水、水泥浆流量计及其他计量装置，水泥土搅拌对水泥压力量要求较高，必须在施工机械上配置流量控制仪表，以保证一定的水泥用量）完好程度。

（2）施工现场事先应予以平整，必须清除地上、地下一切障碍物。

（3）复核测量放线结果。

（4）水泥土搅拌桩工程施工前必须先施打试桩，根据试桩确定施工工艺。

（5）作为承重的水泥土搅拌桩施工时，设计停灰（浆）面应高出基础设计地面标高 300~500 mm（基础埋深大取小值，反之取大值）。在开挖基坑时，对施工质量较差段应采用手工挖除，防止发生桩顶与挖土机械碰撞出现而断桩现象。

（6）水泥土搅拌桩对水泥压力量要求较高，必须在施工机械上配置流量控制仪表，以保证水泥用量。

（7）施工过程中必须随时检查施工记录和计量记录（拌浆、输浆、搅拌等应有专人进行记录，桩深记录误差不大于 100 mm，时间记录不超过 5 s），并对照规定的施工工艺对每根桩进行质量评定。检查重点是搅拌机头转数和提升速度、水泥或水泥浆用量、搅拌桩长度和标高、复搅转数和复搅深度、停浆处理方法等（水泥土搅拌桩施工过程中，为确保搅拌充分，桩体质量均匀，搅拌机头提速不宜过快，否则会使搅拌桩体局部水泥量不足或水泥不能均匀地拌和在土中，导致桩体强度不一，因此机头的提升速度是有规定的）。

（8）应随时检测搅拌刀头片的直径是否磨损，磨损严重时应及时加焊，防止桩径偏小。

（9）施工时因故停浆，应将搅拌头下沉至停浆点 500 mm 以下。

（10）施工结束后，应检查桩体强度、桩体直径及地基承载力。进行强度检验时，对承重水泥土搅拌桩应取 90 d 后的试样，对支护水泥土搅拌桩应取 28 d 后的试样。

（11）强度检验取 90 d 的试样是由水泥土特性确定的，根据工程需要，如作为围护结构用的水泥搅拌桩受施工的影响因素较多，检查数量略多于一般桩基。

（12）施工中固化剂应严格按预定的配合比拌制，并应有防离析措施。起吊应保证起吊设备的平整度和导向架的垂直度。成桩要控制搅拌机的提升速度和次数，使其连续均匀，以控制注浆量，保证搅拌均匀，同时泵送必须连续。

（13）搅拌机预搅下沉时，不宜冲水；当遇到较硬土层下沉太慢时，可适量冲水，但应考虑冲水成桩对桩身强度的影响。

（二）水泥土搅拌桩地基质量检验

（1）施工前应检查水泥及外掺剂的质量、桩位、搅拌机工作性能及各种计量设备完好程度（主要是水泥浆流量计及其他计量装置）。

（2）施工中应检查机头提升速度、水泥浆或水泥注入量、搅拌桩的长度及标高。

（3）施工结束后，应检查桩体强度、桩体直存及地基承载力。

（4）进行强度检验时，对承重水泥土搅拌桩应取 90 d 后的试件，对支护水泥土搅拌桩应取 28 d 后的试件。

（三）工程质量通病及防治措施

1.搅拌不均匀，桩强度降低

质量通病：搅拌机械、注浆机械中途发生故障，造成注浆不连续，供水不均匀，使软黏土被扰动，无水泥浆拌和，造成桩体强度降低。

防治措施如下：

（1）施工前应对搅拌机械、注浆设备、制浆设备等进行检查维修，保证其处于正常状态。

（2）灰浆拌和机搅拌时间一般不少于 2 min，增加拌和次数，保证拌和均匀，勿使浆液沉淀。

（3）提高搅拌转数，降低钻进速度，边搅拌，边提升，提高拌和均匀性。

（4）拌制固化剂时不得任意加水，以防改变水灰比（水泥浆），降低拌和强度。

2. 桩体直径偏小

质量通病：在施工操作时对桩位控制不严，使桩径和垂直度产生较大偏差，出现不合格的桩。

防治措施：施工中应严格控制桩位，将偏差控制在允许范围内。当出现不合格桩时，应分别采取补桩或加强邻桩的措施。

三、水泥粉煤灰碎石桩复合地基

（一）水泥粉煤灰碎石桩复合地基工程质量控制

1. 材料质量要求

（1）水泥。应选用强度为 42.5 级及以上普通硅酸盐水泥，材料进入现场时，应检查产品标签、生产厂家、产品批号、生产日期、有效期限等，并取样送检，检验合格后方能使用。

（2）粉煤灰。若用振动沉管灌注成桩和长螺旋钻孔灌注成桩施工时，粉煤灰可选用粗灰；当用长螺旋钻孔管内泵压混合料灌注成桩时，为增加混合料的和易性和可泵性，宜选用细度不大于 45% 的 Ⅲ 级或 Ⅲ 级以上等级的粉煤灰（0.045 mm 方孔筛筛余百分比）。

（3）砂或石屑。中、粗砂粒径以 0.5~1.0 mm 为宜，石屑粒径以 2.5~10.0 mm 为宜，含泥量不大于 5%。

（4）碎石。质地坚硬，粒径不大于 16.0~31.5 mm，含泥量不大于 5%，且不得含有泥块。

2. 施工过程质量控制

（1）一般选用钻孔或振动沉管成桩法和锤击沉管成桩法施工。

（2）施工前应进行成桩工艺和成桩质量试验，确定配合比、提管速度、夯填度、振动器振动时间、电动机工作电流等施工参数，以保证桩身连续和密度均匀。

（3）施工中应选用适宜的桩基结构，保证顺利出料和有效地挤压桩孔内水泥粉煤灰碎石料。

（4）提拔钻杆（或套管）的速度必须与泵入混合料的速度相匹配，遇到饱和砂土和饱和粉土不得停机待料，否则容易产生缩颈或断桩或爆管的现象，（螺旋钻孔，管内压混合料成桩施工时，当混凝土泵停止泵灰后应降低拔管速度）而且不同土层中提拔的速度不一样，砂性土、砂质黏土、黏土中提拔的速度为 1.2~1.5 m/min，在淤泥质土中应当放慢。桩顶标高应高出设计标高 0.5 m。由沉管方法成孔时，应注意新施工桩对已成桩的影响，避免挤桩。

（5）选用沉管法成桩时，要特别注意新施工桩对已制成桩的影响，避免侧向土体挤压发生桩身破坏。

（二）水泥粉煤灰碎石桩复合地基质量检验

（1）水泥、粉煤灰、砂及碎石等原材料应符合设计要求。

（2）施工中应检查桩身混合料的配合比、坍落度和提拔钻杆速度（或提拔套管速度）、成孔深度、混合料灌入量等。

（3）施工结束后，应对桩体质量及复合地基承载力做检验，应检查其夯填度。

（4）水泥粉煤灰碎石桩复合地基的质量检验标准应符合规定。

（三）工程质量通病及防治措施

1. 缩颈、断桩

质量通病：由于土层变化，在高水位的黏性土中，会因振动作用产生缩颈；开槽及桩顶处理不好或冬季施工冻层与非冻层结合部易产生缩颈或断桩。

防治措施如下：

（1）严格按不同土层进行配料，搅拌时间要充分，每盘至少 3 min。

（2）控制拔管速度，一般为 1~2 m/min，用浮标观测（测每米混凝土灌量是否满足设计灌量）以找出缩颈部位，设拔管 1.5~2.0 m 留振 20 s 左右（根据地质情况掌握留振次数与时间或者不留振）。

（3）若出现缩颈或断桩，可采取扩颈方法或者加桩进行处理。

（4）混合料应注意做好季节施工雨期防雨，冬期保温，都要苫盖，并保证灌入温度 5℃（冬期按规范）。

（5）冬季施工，在冻层与非冻层接合部，要进行局部复打或局部翻插，克服缩颈或断桩。

2. 水泥粉煤灰碎石桩偏斜成桩达不到设计深度

质量通病：地面不平坦、不实或遇到地下物、干硬黏土、硬夹层，致使桩体偏斜过大，成桩未达到设计深度。

防治措施如下：

（1）施工前场地要平整压实，若雨季施工，地面较软，可在地面铺垫一定厚度的砂卵石、碎石、灰土或选用路基箱。

（2）施工前要选择合格的桩管，桩管要双向校正（用垂球吊线或选用经纬仪呈 90°角校正），规范控制垂直度 0.5%~1.0%。

（3）放桩位点最好用钎探查找地下物（钎长 1.0~1.5 m），过深的地下物用补桩或移桩位的方法处理。

（4）桩位偏差应在规范允许范围之内（10~20 mm）。

（5）遇到硬夹层造成沉桩困难或不能穿过时，可选用射水沉管或用"植桩法"（先钻孔的孔径应小于或等于设计桩径）。

（6）沉管至干硬黏土层深度时，可采用先注水浸泡 24 h 以上再沉管的办法。

（7）遇到软硬土层交接处，沉降不均或滑移时，应采用缩短桩长或加密桩等办法。

3. 粉煤灰地基用湿排灰直接铺设

质量通病：电厂湿排灰未经沥干，就直接运到现场进行铺设，其含水量往往大大超过最优含水量，不仅很难压实，达不到密实度要求，而且易形成橡皮土，使地基强度降低，建筑物产生附加沉降，引起下沉开裂。

防治措施如下：

（1）铺设粉煤灰要选用Ⅲ级以上，含 SiO_2、Al_2O_3、Fe_2O_3 总量高的，颗粒粒径在 0.001~2.000 mm 的粉煤灰，不得混入植物、生活垃圾及其他有机杂质。粉煤灰进场，其含水量应控制在 31%±2% 范围内，或通过击穿试验确定。

（2）如含水量过大，须摊铺沥干后再碾压。

（3）夯实或碾压时，若出现"橡皮土"的现象，应暂停压实，可采取将地基开槽、翻松、晾晒或换灰等办法处理。

第四节　地下防水工程

地下防水工程施工是建设工程中的重要组成部分。通过对防水材料的合理选择与施工，建筑工程预防浸水和渗漏发生，确保工程建设能够充分发挥使用功能，延长使用寿命。因此，地下防水工程的施工必须严格遵守有关操作规定，严格保证工程质量。

一、防水混凝土工程

（一）防水混凝土工程质量控制

1.材料质量要求

（1）水泥。水泥宜采用普通硅酸盐水泥或硅酸盐水泥，其强度等级不应低于42.5级，不得使用过期或受潮结块水泥。

（2）集料。石子采用碎石或卵石，粒径宜为5~40 mm，含泥量不得大于1.0%，泥块含量不得大于0.5%。砂宜用中砂，含泥量不得大于3.0%，泥块含量不得大于1.0%。

（3）水。拌制混凝土所用的水，应采用不含有害物质的洁净水。

（4）外加剂。外加剂的技术性能，应符合国家或行业标准一等品及以上的质量要求。

（5）粉煤灰。粉煤灰的级别不应低于二级，掺量不宜大于20%；硅粉掺量不应大于3%；其他掺合料的掺量应通过试验确定。

2.施工过程质量控制

（1）施工配合比应通过试验确定，抗渗等级应比设计要求试配要求提高一级。

（2）拌制混凝土所用材料的品种、规格和用量，每工作班检查应不少于两次。每盘混凝土组成材料计量结果的允许偏差应符合规定。

（3）混凝土在浇筑地点的坍落度，每工作班至少检查两次，坍落度试验应符合现行国家标准《普通混凝土拌合物性能试验方法标准》（GB/T 50080—2016）的有关规定。混凝土坍落度允许偏差应符合规定。

（4）泵送混凝土在交货地点的入泵坍落度，每工作班至少检查两次。混凝土入泵时的坍落度允许偏差应符合规定。

（5）若防水混凝土拌合物在运输后出现离析，必须进行二次搅拌。若坍落度损失后不能满足施工要求，应加入原水胶比的水泥浆或掺加同品种的减水剂进行搅拌，严禁直接加水。

（6）防水混凝土的振捣必须采用机械振捣，振捣时间不应少于 2 min。掺外加剂的应根据外加剂的技术要求确定搅拌时间。

（二）防水混凝土质量检验

1.主控项目

（1）防水混凝土的原材料、配合比及坍落度必须符合设计要求。

检验方法：检查产品合格证、产品性能检测报告、计量措施和材料进场检验报告。

（2）防水混凝土的抗压强度和抗渗性能必须符合设计要求。

检验方法：检查混凝土抗压强度、抗渗性能检验报告。

（3）防水混凝土结构的施工缝、变形缝、后浇带、穿墙管、埋设件等设置和构造必须符合设计要求。

检验方法：观察检查和检查隐蔽工程验收记录。

2.一般项目

（1）防水混凝土结构表面应坚实、平整，不得有露筋、蜂窝等缺陷；埋设件位置应准确。

检验方法：观察检查。

（2）防水混凝土结构表面的裂缝宽度不应大于 0.2 mm，且不得贯通。

检验方法：用刻度放大镜检查。

（3）防水混凝土结构厚度不应小于 250 mm，其允许偏差应为 −5~+8 mm；

主体结构迎水面钢筋保护层厚度不应小于 50 mm，其允许偏差应为 ±5 mm。

检验方法：尺量检查和检查隐蔽工程验收记录。

（三）工程质量通病及防治措施

质量通病：防水混凝土厚度小（不足 250 mm），其透水通路短，地下水易从防水混凝土中通过，当混凝土内部的阻力小于外部水压时，混凝土就会发生渗漏。

防治措施：防水混凝土除必须密实性好、开放孔少、孔隙率小以外，还必须具有一定厚度，以延长混凝土的透水通路，加大混凝土的阻水截面，使混凝土的蒸发量小于地下水的渗水量，混凝土则不会发生渗漏。综合考虑现场施工的不利条件及钢筋的引水作用等诸因素，防水混凝土结构的最小厚度必须大于 250 mm，才能抵抗地下压力水的渗透作用。

二、卷材防水工程

（一）卷材防水工程质量控制

1. 材料质量要求

（1）卷材防水层应采用高聚物改性沥青类防水卷材和合成高分子类防水卷材。所选用的基层处理剂、胶黏剂、密封材料等均应与铺贴的卷材相匹配。

（2）卷材外观质量、品种规格应符合现行国家标准或行业标准，卷材及其胶黏剂应具有良好的耐水性、耐久性、耐刺穿性、耐腐蚀性和耐菌性。

（3）材料通常应提供质量证明文件，并按规定现场随机取样进行复检，复检合格方可用于工程。

2. 施工过程质量控制

（1）铺贴防水卷材前，基面应干净、干燥，并应涂刷基层处理剂；若发现基面潮湿，应涂刷湿固化型胶黏剂或潮湿界面隔离剂。

（2）基层阴阳角应做成圆弧或 45° 坡角，其尺寸应根据卷材品种确定；在转角处、变形缝、施工缝、穿墙管等部位应铺贴卷材加强层，加强层宽度不应小于 500 mm。

（3）防水卷材的搭接宽度应符合相应要求。铺贴双层卷材时，上下两层和相邻两幅卷材的接缝应错开 1/3~1/2 幅宽，且两层卷材不得相互垂直铺贴。

（4）冷黏法铺贴卷材应符合下列规定：

①胶黏剂应涂刷均匀，不得露底、堆积；

②根据胶黏剂的性能，应控制胶黏剂涂刷与卷材铺贴的间隔时间；

③铺贴时不得用力拉伸卷材，排除卷材下面的空气，辊压粘贴牢固；

④铺贴卷材应平整、顺直，搭接尺寸准确，不得扭曲、皱折；

⑤卷材接缝部位应采用专用胶黏剂或胶黏带满粘，接缝口应用密封材料封严，其宽度不应小于 10 mm。

（5）热熔法铺贴卷材应符合下列规定：

①火焰加热器加热卷材应均匀，不得加热不足或烧穿卷材；

②卷材表面热熔后应立即滚铺，排除卷材下面的空气，并粘贴牢固；

③铺贴卷材应平整、顺直，搭接尺寸准确，不得扭曲、皱折；

④卷材接缝部位应溢出热熔的改性沥青胶料，并粘贴牢固，封闭严密。

（6）自粘法铺贴卷材应符合下列规定：

①铺贴卷材时，应将有黏性的一面朝向主体结构；

②外墙、顶板铺贴时，排除卷材下面的空气，粘贴牢固；

③铺贴卷材应平整、顺直，搭接尺寸准确，不得扭曲、皱折和起泡；

④立面卷材铺贴完成后，应将卷材端头固定，并采用密封材料封严；

⑤低温施工时，宜对卷材和基面采用热风适当加热，然后铺贴卷材。

（二）卷材防水工程质量检验

1. 主控项目

（1）卷材防水层所用卷材及其配套材料必须符合设计要求。

检验方法：检查产品合格证、产品性能检测报告和材料进场检验报告。

（2）卷材防水层在转角处、变形缝、施工缝、穿墙管等部位做法必须符合设计要求。

检验方法：观察检查和检查隐蔽工程验收记录。

2. 一般项目

（1）卷材防水层的搭接缝应粘贴或焊接牢固，密封严密，不得有扭曲、折皱、翘边和起泡等缺陷。

检验方法：观察检查。

（2）采用外防外贴法铺贴卷材防水层时，立面卷材接搓的搭接宽度，高聚物改性沥青类卷材应为 150 mm，合成高分子类卷材应为 100 mm，且上层卷材应盖过下层卷材。

检验方法：观察和尺量检查。

（3）侧墙卷材防水层的保护层与防水层应结合紧密，保护层厚度应符合设计要求。

检验方法：观察和用尺测量检查。

（4）卷材搭接宽度的允许偏差应为 –10 mm。

检验方法：观察和用尺测量检查。

（三）工程质量通病及防治措施

质量通病：如在潮湿基层上铺贴卷材防水层，卷材防水层与基层黏结困难，易产生空鼓现象，立面卷材还会下坠。

防治措施如下：

（1）为保证黏结质量，当主体结构基面潮湿时，应涂刷湿固化型黏结剂或潮湿界面隔离剂，以不影响黏结剂固化和封闭隔离湿气。

（2）所选用的基层处理剂必须与卷材及黏结剂的材性相容，才能粘贴牢固。

（3）基层处理剂可采取喷涂法或涂刷法施工，喷涂应均匀一致，不得露底，为确保其黏结质优，必须待表面干燥后，方可铺贴防水卷材。

三、涂料防水工程

（一）涂料防水工程质量控制

1. 材料质量要求

（1）涂料防水层材料分有机防水涂料和无机防水涂料。前者宜用于结构主体迎水面，后者宜用于结构主体的背水面。

（2）有机防水涂料应采用反应型、水乳型、聚合物水泥等涂料，无机防水涂料应采用疹外加剂、黏合料的水泥基防水涂料或水泥基渗透结晶型防水涂料。

（3）有机防水涂料基面应干燥。当基面较潮湿时，应涂刷湿固化型胶黏剂或潮湿界面隔离剂；无机防水涂料施工前，基面应充分润湿，但不得有明水。

4.施工过程质量控制

（1）涂刷施工前，基层表面的气孔、凹凸不平、蜂窝、缝隙、起砂等，应修补处理，基面必须干净、无浮浆、无水珠、不渗水。

（2）涂料涂刷前应先在基面上涂一层与涂料相溶的基层处理剂。

（3）多组分涂料应按配合比准确记录，搅拌均匀，并应根据有效时间确定每次配制的用量。

（4）涂料应分层涂刷或喷涂，涂层应均匀，涂刷应待前遍涂层干燥成膜后进行。每遍涂刷时应交替改变涂层的涂刷方向，同层涂膜的先后搭压宽度以 30~50 mm 为宜。

（5）涂料防水层的甩槎处接槎宽度不应小于 100 mm，接涂前应将其甩槎表面处理干净。

（6）采用有机防水涂料时，基层阴阳角处应做成圆弧状；在转角处、变形缝、施工缝、穿墙管等部位应增加胎体增强材料和增涂防水涂料，宽度应不小于 500 mm。

（7）胎体增强材料的搭接宽度应不小于 100 mm。上、下两层和相邻两幅胎体的接缝应错开 1/3 幅宽，且上下两层胎体不得相互垂直铺贴。

（8）涂料防水层完工并经验收合格后应及时做保护层，保护层规定跟卷材防水层相同。

（二）涂料防水工程质量检验

1.主控项目

（1）涂料防水层所用的材料及配合比必须符合设计要求。

检验方法：检查产品合格证、产品性能检测报告、计量措施和材料进场检验报告。

（2）涂料防水层的平均厚度应符合设计要求，最小厚度不得小于设计厚度的 90%。

检验方法：用针测法检查。

（3）涂料防水层在转角处、变形缝、施工缝、穿墙管等部位做法必须符合设计要求。

检验方法：观察检查和检查隐蔽工程验收记录。

2. 一般项目

（1）涂料防水层应与基层黏结牢固，涂刷均匀，不得流淌、鼓泡、露槎。

检验方法：观察检查。

（2）涂层间夹铺胎体增强材料时，应使防水涂料浸透胎体覆盖完全，不得有胎体外露现象。

检验方法：观察检查。

（3）侧墙涂料防水层的保护层与防水层应结合紧密，保护层的厚度应符合设计要求。

检验方法：观察检查。

（三）工程质量通病及防治措施

质量通病：每遍涂层施工操作中很难避免出现小气孔、微细裂缝及凹凸不平等缺陷，加之涂料表面张力等影响，只涂刷一遍或两遍涂料，很难保证涂膜的完整性和涂膜防水层的厚度及其抗渗性能。

防治措施：根据涂料不同类别确定不同的涂刷遍数。一般在涂膜防水施工前，必须根据设计要求的每平方米涂料用量、涂膜厚度及涂料材性，事先试验确定每遍涂料的涂刷厚度以及每个涂层需要涂刷的遍数。溶剂型和反应型防水涂料最少须涂刷 3 遍；水乳型高分子涂料宜多遍涂刷，一般不得少于 6 遍。

第四章 主体结构工程质量管理

第一节 钢筋工程

一、钢筋原材料及加工

（一）钢筋原材料质量控制

1.材料质量要求

（1）采购钢筋时，混凝土结构所采用的热轧钢筋、热处理钢筋、碳素钢丝、刻痕钢丝和钢绞线的质量，应符合现行国家标准的规定。

（2）从钢厂发出的钢筋，应具有出厂质量证明书或试验报告单，每捆（盘）钢筋均应有标牌。

（3）钢筋进入施工单位的仓库或放置场时，应按炉罐（批）号及直径分批验收。验收内容包括查对标牌、外观检查，之后按有关技术标准的规定抽取试样做机械性能试验，检查合格后方可使用。

（4）钢筋在运输和储存时，必须保留标牌，严格防止混料，并按批分别堆放整齐，无论在检验前或检验后，都要避免锈蚀和污染。

2.施工过程质量控制

（1）仔细查看结构施工图，弄清不同结构件的配筋数量、规格、间距、尺寸等（注意处理好接头位置和接头百分率的问题）。

（2）钢筋加工过程中，检查钢筋冷拉的方法和控制参数。检查钢筋翻样图及配料单中钢筋尺寸、形状应符合设计要求，加工尺寸偏差应符合规定。检查受力钢筋加工时的弯钩和弯折的形状及弯曲半径。检查箍筋末端的弯钩形式。

（3）钢筋加工过程中，若发现钢筋脆断、焊接性能不良或力学性能显著不正常等现象时，应立即停止使用，并对该批钢筋进行化学成分检验或其他专项检验，按其检验结果进行技术处理。如果发现力学性能或化学成分不符合要求时，必须做退货处理。

（4）钢筋加工机械必须经试运转，在调试正常后方可投入使用。

（二）钢筋原材料及加工工程质量检验

1. 一般规定

（1）当钢筋的品种、级别或规格需要变更时，应办理设计变更文件。

（2）在浇筑混凝土之前，应进行钢筋隐蔽工程验收，其内容包括以下几个方面：

①纵向受力钢筋的品种、规格、数量、位置等。

②钢筋的连接方式、接头位置、接头数员、接头面积百分率等。

③箍筋、横向钢筋的品种、规格、数量、间距等。

④预埋件的规格、数量、位置等。

2. 原材料

原材料主控项目有以下方面。

（1）钢筋进场时，应按现行国家标准《钢筋混凝土用钢　第2部分：热轧带肋钢筋》（GB/T 1499.2—2018）等的规定抽取试件作力学性能检验，其质量必须符合有关标准的规定。

检查数量：按进场的批次和产品的抽样检验方案确定。

检验方法：检查产品合格证、出厂检验报告和进场复验报告。

（2）对有抗震设防要求的框架结构，其纵向受力钢筋的强度应满足设计要求；当设计无具体要求时，对一、二级抗震等级，检验所得的强度实测值应符合下列规定：

钢筋的抗拉强度实测值与屈服强度实测值的比值不应小于1.25。

钢筋的屈服强度实测值与强度标准值的比值不应大于1.3。

检查数量：按进场的批次和产品的抽样检验方案确定。

检验方法：检查进场复验报告。

（3）发现钢筋脆断、焊接性能不良或力学性能显著不正常等现象时，应对该钢筋进行化学成分检验或其他专项检验。

检验方法：检查化学成分等专项检验报告。

一般项目：

①钢筋应平直、无损伤，表面不得有裂纹、油污、颗粒状或片状老锈。

②检查数量：进场时和使用前全部检查。

③检验方法：观察。

3.钢筋加工

钢筋加工主控项目有以下方面。

（1）受力钢筋的弯钩和弯折应符合下列规定：

① HPB235 级钢筋末端应做 180° 弯钩，其弯弧内直径不应小于钢筋直径的 2.5 倍，弯钩的弯后平直部分长度不应小于钢筋直径的 3 倍。

②当设计要求钢筋末端须做 135° 弯钩时，HRB335 级、HRB400 级钢筋的弯弧内直径不应小于钢筋直径的 4 倍，弯钩的弯后平直部分长度应符合设计要求。

③钢筋做不大于 90° 的弯折时，弯折处的弯弧内直径不应小于钢筋直径的 5 倍。

检查数量：按每工作班同一类型的钢筋、同一加工设备抽查应不少于 3 件。

检验方法：钢尺检查。

（2）受力钢筋的弯钩和弯折应符合下列规定：

① HPB235 级钢筋末端应做 180° 弯钩，其弯弧内直径不应小于钢筋直径的 2.5 倍，弯钩的弯后平直部分长度不应小于钢筋直径的 3 倍。

②当设计要求钢筋末端须做 135° 弯钩时，HRB335 级、HRB400 级钢筋的弯弧内直径不应小于钢筋直径的 4 倍，弯钩的弯后平直部分长度应符合设计要求。

③钢筋做不大于 90° 的弯折时，弯折处的弯弧内直径应不小于钢筋直径的 5 倍。

检查数量：按每工作班同一类型钢筋、同一加工设备抽查应不少于 3 件。

检验方法：钢尺检查。

钢筋加工一般项目有以下方面。

（1）钢筋调直宜采用机械方法，也可采用冷拉方法。当采用冷拉方法调直钢筋时，HPB235 级钢筋的冷拉率不应大于 4%，HRB335 级、HRB400 级和 RRB400 级钢筋的冷拉率应不大于 1%。

检查数量：按每工作同一类型钢筋、同一加工设备抽查应不少于 3 件。

检验方法：观察，钢尺检查。

（2）钢筋加工的形状、尺寸应符合设计要求，其允许偏差应符合规定。

检查数量：按每工作班同一类型钢筋、同一加工设备抽查应不少于 3 件。

检验方法：钢尺检查。

（三）工程质量通病及防治措施

1. 钢筋成形后弯曲处产生裂纹

质量通病：钢筋成形后弯曲处外侧产生横向裂纹。

防治措施如下：

（1）每批钢筋送交仓库时，都需要认真核对合格证件，应特别注意冷弯栏所写的弯曲角度和弯心直径是不是符合钢筋技术标准的规定；寒冷地区钢筋加工成形场所应采取保温或取暖措施，保证环境温度在 0℃以上。

（2）取样复查冷弯性能；取样分析化学成分，检查磷的含量是否超过了规定值。检查裂纹是否由于原先已弯折或碰损而形成，如有这类痕迹，则属于局部外伤，可不必对原材料进行性能检验。

2. 表面锈蚀

质量通病：由于保管不良，如受到雨、雪的侵蚀，或长期存放在潮湿、通风不良的环境中生锈。

防治措施：钢筋原料应存放在仓库或料棚内，保持地面干燥；钢筋不得堆放在地面上，必须用混凝土墩、砖或垫木垫起，距离地面 200 mm 以上；库存期限不得过长，原则上先进库的先使用。工地临时保管钢筋原料时，应选择地势较高、地面干燥的露天场地；根据天气情况，必要时加盖苦布；场地四周要有排水措施；堆放期要尽量缩短。

3. 钢筋调直切断时被顶弯

质量通病：使用钢筋调直机切断钢筋，在切断过程中钢筋被顶弯。

防治措施：调整弹簧预压力，使钢筋顶不动定尺板。

二、钢筋连接工程

（一）钢筋连接工程施工过程质量控制

（1）钢筋连接方法有机械连接、焊接、绑扎搭接等，纵向受力钢筋的连接方式应符合设计要求。钢筋的机械接头、焊接接头外观质量和力学性能，应按国家现行标准规定抽取试件进行检验，其质量应符合要求。绑扎接头应重点查验搭接长度，特别注意钢筋接头百分率对搭接长度的修正。

（2）钢筋机械连接和焊接的操作人员必须经过专业培训，考试合格后持证上岗。焊接操作工作只能在其上岗证规定的施焊范围内实施操作。

（3）钢筋连接操作前应进行安全技术交底，并履行相关手续。

（4）钢筋机械连接技术包括直、锥螺纹连接和套筒挤压连接，钢筋应先调直再下料。切口端面应与钢筋轴线垂直，不得有马蹄形或挠曲，不得用气割下料。连接钢筋时，钢筋规格和连接套的规格应一致，并确保钢筋和连接套的丝扣干净完好无损。采用预埋接头时，连接套的位置、规格和数量应符合设计要求。带连接套的钢筋应固定牢固，连接套的外露端应加密封盖。必须采用精度 ±5% 的力矩扳手拧紧接头，且要求每半年用扭力仪检定力矩扳手一次，连接钢筋时，应对正轴线将钢筋拧入连接套，然后用力矩扳手拧紧，接头拧紧值应满足规定的力矩值，不得超拧。拧紧后的接头应做上标志。

（5）钢筋的焊接连接技术包括电阻点焊、闪光对焊、电弧焊和竖向钢筋接长的电渣压力焊以及气压焊。下面仅就电弧焊和电渣压力焊的施工质量控制进行介绍。

①电弧焊的施工质量控制操作要点。

a.进行帮条焊时，两钢筋端头之间应留 2~5 mm 的间隙。

b.进行搭接焊时，钢筋宜预弯，以保证两钢筋的轴线在一直线上。

c.焊接时，引弧应在帮条或搭接钢筋的一端升开，收弧应在帮条或搭接钢筋端头上，弧坑应填满。

d.熔槽帮条焊钢筋端头应加工成平面。两钢筋端面间隙为 10~16 mm；焊接时电流宜稍大，从焊缝根部引弧后连续施焊，形成熔池，保证钢筋端部熔合良好。焊接过程中应停焊敲渣一次。焊平后，进行加强缝的焊接。

e.坡口焊钢筋坡面应平顺，切口边缘不得有裂纹和较大的钝边、缺棱；钢筋根部最大间隙不宜超过 10 mm；为了防止接头过热，应采用几个接头轮流施焊；加强焊缝的宽度应超过 V 形坡口边缘 2~3 mm。

②电渣压力焊的施工质量控制操作要点。

a.为使钢筋端部同部接触，以利引弧，形成渣池，进行手工电渣压力焊时，可采用直接引弧法。

b.待钢筋熔化达到一定程度后，在切断焊接电源的同时，迅速进行顶压，持续数秒钟，方可松开操作杆，以免接头偏斜或接合不良。

c.焊剂使用前，须经恒温 250℃烘焙 1~2 h。

d.焊接前应检查电路，观察网络电压波动情况，如电源的电压降大于 5%，则不宜进行焊接。

（二）钢筋连接工程质量检验

1.主控项目

（1）纵向受力钢筋的连接方式应符合设计要求。

检查数量：全数检查。

检验方法：观察。

（2）在施工现场，应按国家现行标准《钢筋机械连接技术规程》（JGJ 107—2016）、《钢筋焊接及验收规程》（JGJ 18—2012）的规定抽取钢筋机械连接接头、焊接接头试件作力学性能检验，其质量应符合有关规程的规定。

检查数量：按有关规程确定。

检验方法：检查产品合格证、接头力学性能试验报告。

2.一般项目

（1）钢筋的接头宜设置在受力较小处。同一纵向受力钢筋不宜设置两个或两个以上接头。接头末端至钢筋弯起点的距离不应小于钢筋直径的 10 倍。

检查数量：全部检查。

检验方法：观察，钢尺检查。

（2）在施工现场，应按照国家现行标准《钢筋机械连接技术规程》（JGJ 107—2016）、《钢筋焊接及验收规程》（JGJ 18—2012）的规定抽取钢筋机械连接接头、焊接接头试件作力学性能检验，其质量应符合有关规程的规定。

检查数量：按有关规程确定。

检验方法：检查产品合格证、接头力学性能试验报告。

（3）当受力钢筋采用机械连接接头或焊接接头时，设置在同一构件内的接头宜相互错开。

纵向受力钢筋机械连接接头及焊接接头连接区段的长度为 35d（d 为纵向受力钢筋的较大直径）且不应小于 500 mm，凡接头中点位于该连接区段长度内的接头均属于同一连接区段。在同一连接区段内，纵向受力钢筋机械连接及焊接的接头面积百分率为该区段内有接头的纵向受力钢筋截面面积与全部纵向受力钢筋截面面积的比值。

在同一连接区段内，纵向受力钢筋的接头面积百分率应符合设计要求；当设计无具体要求时，应符合下列规定：

①在受拉区不宜大于 50%。

②接头不宜设置在有抗震设防要求的框架梁端、柱端的箍筋加密区；当无法避开时，对等强度高质量的机械连接接头，不应大于 50%。

③直接承受动力荷载的结构构件中，不宜采用焊接接头；当采用机械连接接头时，不应大于 50%。

检查数在同一检验批内，对梁、柱和独立基础，应抽查构件数量的 10%，且不少于 3 件；对墙和板，应按有代表性的自然间抽查 10%，且不少于三间；对大空间结构，墙可按相邻轴线间高度 5 m 左右划分检查面，板可按纵横轴线划分检查面，抽查 10%，且均不少于三面。

检验方法：观察，钢尺检查。

（4）同一构件中相邻纵向受力钢筋的绑扎搭接接头宜相互错开。绑扎搭接接头中钢筋的横向净距不应小于钢筋直径，且不应小于 25 mm。

钢筋绑扎搭接接头连接区段的长度为 1.3 倍搭接长度，凡搭接接头中点位于该连接区段长度内的搭接接头均属于同一连接区段。在同一连接区段内，纵向钢筋搭接接头面积百分率为该区段内有搭接接头的纵向受力钢筋截面面积与全部纵向受力钢筋截面面积的比值。

当各钢筋直径相同时，接头面积百分率为50%，同一连接区段内，纵向受拉钢筋搭接接头的面积百分率应符合设计要求；若设计无具体要求，应符合下列规定：

①对梁类、板类及墙类构件，不宜大于25%。

②对柱类构件，不宜大于50%。

③当工程中确有必要增大接头面积百分率时，对梁类构件，不应大于50%；对其他构件，可根据实际情况放宽。

纵向受力钢筋绑扎搭接接头的最小搭接长度应符合有关规定。

检查数量：在同一检验批内，对梁、柱和独立基础，应抽查构件数量的10%，且不少于3件；对墙和板，应按有代表性的自然间抽查10%，且不少于三间；对大空间结构，墙可按相邻轴线间高度5 m左右划分检查面，板可按纵、横轴线划分检查面，抽查10%，且均不少于三面。

检验方法：观察，钢尺检查。

（5）在梁、柱类构件的纵向受力钢筋搭接长度范围内，应按设计要求配置箍筋。当设计无具体要求时，应符合下列规定：

①箍筋直径不应小于搭接钢筋较大直径的1/4。

②受拉搭接区段的箍筋间距不应大于搭接钢筋较小直径的5倍，且不应大于100 mm。

③受压搭接区段的箍筋间距不应大于搭接钢筋较小直径的10倍，且不应大于200 mm。

④当柱中纵向受力钢筋直径大于25 mm时，应在搭接接头两个端面外100 mm的范围内各设置两个箍筋，其间距宜为50 mm。

检查数量：在同一检验批内，对梁、柱和独立基础，应抽查构件数量的10%，且不少于3件；对墙和板，应按有代表性的自然间抽查10%，且不少于三间；对大空间结构，墙可按相邻轴线间高度5 m左右划分检查面，板可按纵、横轴线划分检查面，抽查10%，且均不少于三面。

检验方法：观察，钢尺检查。

（三）工程质量通病及防治措施

1.钢筋焊接区焊点过烧

质量通病：钢筋焊接区，上下电极与钢筋表面接触处均有烧伤，焊点周界熔化钢液外溢过大，而且毛刺较多，外观不美，焊点处钢筋呈现蓝黑色。

防治措施如下：

（1）除严格执行班前试验，正确优选焊接参数外，还必须进行试焊样品质量自检，目测焊点外观是否与班前合格试件相同，以及制品几何尺寸和外形是否符合规范和设计要求，全部合格后方可成批焊接。

（2）电压的变化直接影响焊点强度。在一般情况下，电压降低15%，焊点强度可降低20%；电压降低20%，焊点强度可降低40%。因此，要随时注意电压的变化，电压降低或升高应控制在5%的范围内。

（3）发现钢筋点焊制品焊点过烧时，应降低变压器级数，减少通电时间，按新调整的焊接参数制作焊接试件，经试验合格后方可成批焊制产品。

2.焊点压陷深度过大或过小

质量通病：焊点实际压陷深度大于或小于焊接参数规定的上下限时，均称为焊点压陷深度过大或过小，并认为是不合格的焊接产品。

防治措施：焊点压陷深度的大小，与焊接电流、通电时间和电极挤压力有着密切关系。要达到最佳的焊点压陷深度，关键是正确选择焊接参数，并经试验合格后，才能成批生产。

3.气压焊钢筋接头偏心和倾斜

（1）焊接头两端轴线偏移大于0.15d（d为较小钢筋直径）或超过4 mm。

（2）接头弯折角度大于4°。

防治措施如下：

（1）钢筋要用砂轮切割机下料，使钢筋端面与轴线垂直，端头处理不合格的不应焊接。

（2）两钢筋夹持于夹具内，轴线要对正，注意调整好调节器调向螺纹。

（3）焊接前要检查夹具质量，分析有无产生偏心和弯折的可能。方法是用两根光圆短钢筋安装在夹具上，直观检查两夹头是否同轴。

（4）确认夹紧钢筋后再施焊。

（5）焊接完成后，不能立即卸下夹具，待接头红色消失后，再卸下夹具，以免钢筋倾斜。

（6）对有问题的接头按下列方法进行处理：

①弯折角大于4°的可以加热后校正。

②偏心大于0.15 t或大于4 mm的要割掉重焊。

4.带肋钢筋套筒挤压连接偏心、弯折

质量通病：被连接的钢筋的轴线与套筒的轴线不在同一轴线上，接头处弯折大于4°。

防治措施如下：

（1）摆正钢筋，使被连接钢筋处于同一轴线上，调整压钳，使压模对准套筒表面的压痕标志，并保证压模压接方向与钢套筒轴线垂直。钢筋压接过程中，始终要注意接头两端钢筋轴线保持一致。

（2）切除或调直钢筋弯头。

三、钢筋安装工程

（一）钢筋安装工程施工过程质量控制

（1）钢筋安装前，应进行安全技术交底，并履行有关手续。应根据施工图核对钢筋的品种、规格、尺寸和数量，并落实钢筋安装工序。

（2）钢筋安装时应检查钢筋的品种、级别、规格、数量是否符合设计要求，检查钢筋骨架、钢筋网绑扎方法是否正确、是否牢固可靠。

（3）钢筋绑扎时应检查钢筋的交叉点是否用铁丝扎牢，板、墙钢筋网的受力钢筋位置是否准确；双向受力钢筋必须绑扎牢固，绑扎基础底板钢筋，应使弯钩朝上，梁和柱的箍筋（除有特殊设计要求外），应与受力钢筋垂直，箍筋弯钩叠合处，应沿受力钢筋方向错开放置，梁的箍筋弯钩应放在受压处。

（4）注意控制框架结构节点核心区、剪力墙结构暗柱与连梁交接处梁与柱的箍筋设置是否符合要求。框架或剪力墙结构中连梁箍筋在暗柱中的设置是否符合要求。框架梁、柱箍筋加密区长度和间距是否符合要求。框架梁、连梁在柱（墙、梁）中的锚固方式和锚固长度是否符合设计要求（工程中往往存在部分钢筋水平段锚固不满足设计要求的现象）。

（5）当剪力墙钢筋直径较细时，注意控制钢筋的水平度与垂直度，应当采取适当措施（如增加梯子筋数量等）确保钢筋位置正确。

（6）工程实践中为便于施工，剪力墙中的拉筋加工往往是一端加工成135°弯钩另一端暂时加工成90°弯钩，待拉筋就位后再将90°弯钩弯扎成型，这样，如加工措施不当往往会出现拉筋变形使剪力墙筋骨架减小现象，钢筋安装时应予以控制。

（7）工程中常常出现由于墙柱钢筋固定措施不合格，导致下柱（墙）钢筋位置偏离设计要求的现象，隐蔽工程验收时应查验防止墙柱钢筋错位的措施是否得当。

（8）钢筋安装时，检查梁、柱箍筋弯钩处是否沿受力钢筋方向相互错开放置，绑扎扣是否按变换方向进行绑扎。

（9）钢筋安装完毕后，检查钢筋保护层垫块、马镫等是否根据钢筋直径、间距和设计要求正确放置。

（二）工程质量通病及防治措施

1.柱子外伸钢筋错位

质量通病：下柱外伸钢筋从柱顶甩出，由于位置偏离设计要求过大，与上柱钢筋搭接不上。

防治措施如下：

（1）在外伸部分加一道临时箍筋，按图纸位置安设好，然后用样板、铁卡或木方卡固定好；浇筑混凝土前再复查一遍，如发生移位，则应先矫正再浇筑混凝土。

（2）注意浇筑操作，不要碰撞钢筋；浇筑过程中由专人随时检查，及时校核改正。

（3）在靠紧搭接不可能时，仍应使上柱钢筋保持设计位置，并采取垫筋焊接连系；对错位严重的外伸钢筋（甚至超出上柱模板范围），应采取专门措施处理。例如，加大柱截面，设置附加箍筋以连系上、下柱钢筋，具体方案视实际情况由有关技术部门确定。

2. 钢筋遗漏

质量通病：在检查核对绑扎好的钢筋骨架时，发现某号钢筋遗漏。

防治措施：绑扎钢筋骨架之前要基本上记住图纸内容，并按钢筋材料表核对配料单和料牌，检查钢筋规格是否齐全准确，形状、数量是否与图纸相符；在熟悉图纸的基础上，仔细研究各号钢筋的绑扎安装顺序和步骤；整个钢筋骨架绑完后，应清理现场，检查有没有某号钢筋遗留。

3. 梁箍筋弯钩与纵筋相碰

质量通病：在梁的支座处，箍筋弯钩与纵向钢筋抵触。

防治措施：绑扎钢筋前应先规划箍筋弯钩位置（放在梁的上部或下部），如果梁上部仅有一层纵向钢筋，箍筋弯钩与纵向钢筋便不抵触，为了避免箍筋接头被压开口，弯钩可放在梁上部（构件受拉区），但应特别绑牢，必要时用电弧焊点焊几处；对于有两层或多层纵向钢筋的，则应将弯钩放在梁下部。

第二节　混凝土工程

一、混凝土施工工程

（一）混凝土施工工程质量控制

1. 材料质量要求

水泥进场时必须有产品合格证、出厂检验报告。进场时还要对水泥品种、级别、包装或散装仓号、出厂日期等进行检查验收；对其强度、安定性及其他必要的性能指标进行复试，其质量必须符合《通用硅酸盐水泥》（GB 175—2007）的规定。

混凝土中的集料有细集料（砂）、粗集料（碎石、卵石）。其质量必须符合国家现行标准《普通混凝土用砂、石质量及检验方法标准》（JGJ 52—2006）的规定。

集料进场时，必须进行复检，按进场的批次和产品的抽样检验方案检验其颗粒级配、含泥量及粗细集料的针片状颗粒含量，必要时还要检验其他质量标准。集料进场后，应按品种、规格分别堆放，集料中应严禁混入烧过的白云石和石灰石。

混凝土中掺用的外加剂，质量应该符合现行国家标准要求。外加剂的品种及掺量必须依据混凝土的性能要求、施工及气候条件、混凝土所采用的原材料及配合比等因素经试验确定。在蒸汽养护的混凝土和预应力混凝土中，不宜掺入引气剂或引气减水剂。

在钢筋混凝土中掺用氯盐类防冻剂时，氯盐掺量按无水状态计算不得超过水泥用量的1%，当采用素混凝土时，氯盐掺量不得大于水泥用量的3%。

如果使用商品混凝土，混凝土商应该提供混凝土各类技术指标：强度等级、配合比、外加剂品种、混凝土的坍落度等，按批量出具出厂合格证。

2. 施工过程质量控制

（1）混凝土施工前应检查混凝土的运输设备是否良好、道路是否畅通，保证混凝土的连续浇筑和良好的混凝土与易性。

（2）混凝土现场搅拌时应对原材料的计量进行检查，并经常检查坍落度，严格控制水灰比。

（3）检查混凝土搅拌的时间，并在混凝土搅拌后和浇筑地点分别抽样检测混凝土的坍落度，每班至少检查两次，评定时应以浇筑地点的测值为准。

（4）混凝土浇筑前检查模板表现是否清理干净，防止拆模时混凝土表面黏模，出现麻面。木模板要浇水湿润，防止出现由于木模板吸水黏结或脱模过早，拆模时缺棱、掉角导致露筋。

（5）混凝土施工中检查控制混凝土浇筑的方法和质量。一是防止浇筑速度过快，避免在钢筋上面和墙与板、梁与柱交界处出现裂缝。二是防止浇筑不均匀，或接槎处处理不好易形成裂缝。混凝土浇筑应在混凝土初凝前完成，浇筑高度不宜超过2 m，竖向结构不宜超过3 m，否则应检查是否采取了相应措施。控制混凝土一次浇筑的厚度并保证混凝土的连续浇筑。在浇筑与墙、柱连成一体的梁和板时，应在墙、柱浇筑完毕1.0~1.5 h后，再浇筑梁和板；梁和板宜同时浇筑混凝土。

（6）浇捣时间应连续进行，必须间歇时，应尽量缩短间歇时间，并应在前层混凝土初凝之前，将次层混凝土浇筑完毕。前层混凝土的凝结时间不得超过相关规定，否则应留施工缝。

（7）施工缝的留置应符合以下规定。

①柱宜留置在基础的顶面、梁或吊车梁牛腿的下面、吊车梁的上面、无梁楼板柱帽的下面。

②与板连成整体的大截面梁，留置在板底面以下 20~30 mm 处，当板下有梁托时，留置在梁托下部。

③单向板，留置在平行于板的短边的任何位置。

④有主次梁的楼板宜顺着次梁方向浇筑，施工缝应留置在次梁跨度中间的 1/3 范围内。

⑤墙留置在门洞口过梁跨中 1/3 范围内，也可留在纵横墙的交接处。

⑥双向受力楼板、大体积混凝土结构、拱、穹拱、薄壳、蓄水池、斗仓、多层钢架及其他结构复杂的工程，施工缝的位置应按设计要求留置。

（8）混凝土施工过程中应对混凝土的强度进行检查，在混凝土浇筑地点随机留取标准养护试件和同条件养护试件，其留取的数量应符合要求。同条件试件必须与其代表的构件一起养护。

（9）混凝土浇筑后应检查是否按施工技术方案进行养护，并对养护的时间进行检查落实。混凝土的养护应在混凝土浇筑完毕后的 12 h 内进行，养护时间一般为 14~28 d。混凝土浇筑后应对养护的时间进行检查落实。

（二）工程质量通病及防治措施

1. 大体积混凝土配合比中未采用低水化热的水泥

质量通病：大体积混凝土由于体量大，在混凝土硬化过程中产生的水化热不易散发，如不采取措施，混凝土会因为内外温差过大而出现混凝土裂缝。

防治措施：配制大体积混凝土应先用水化热低的、凝结时间长的水泥，采用低水化热的水泥配制大体积混凝土是降低混凝土内部温度的可靠方法。应优先选用大坝水泥、矿渣水泥、粉煤灰硅酸盐水泥、火山灰质硅酸盐水泥。进行配合比设计时应在保证混凝土强度及满足坍落度要求的前提下，提高掺合料和集料的含量以降低单方混凝土的水泥用量。大体积混凝土配合比确定后宜进行水化热的演算和测定，以了解混凝土内部水化热温度，控制混凝土的内外温差。在施工中必须使温差控制在设计要求以内，若设计无要求，内外温差以不超过 25℃为宜。

2.混凝土表面疏松脱落

质量通病：混凝土结构构件浇筑脱模后，表面出现疏松、脱落等现象，表面强度比内部要低很多。

防治措施如下：

（1）表面较浅的疏松脱落，可将疏松部分凿去，洗刷干净充分湿润后，用 1 : 2 或 1 : 2.5 的水泥砂浆抹平压实。

（2）表面较深的疏松脱落，可将疏松和突出颗粒凿去，刷洗干净充分湿润后支模，用比结构高一强度等级的细石混凝土浇筑，强力捣实，并加强养护。

二、混凝土现浇结构工程

（一）混凝土现浇结构工程施工过程质量控制

（1）现浇结构的外观质量缺陷，应由监理（建设）单位、施工单位等各方根据其对结构性能和使用功能影响的严重程度确定。

（2）现浇混凝土结构待强度达到一定程度拆模后，应及时对混凝土外观质量进行检查（严禁未经检查擅自处理混凝土缺陷），主要对结构性能和使用功能影响严重程度，应及时提出技术处理方案，待处理后对经处理的部位应重新检查验收。

（3）现浇结构不应有影响结构性能和使用功能的尺寸偏差，混凝土设备基础不应有影响结构性能和设备安装的尺寸偏差。现浇结构的外观质量不应有严重缺陷。

（4）对于现浇混凝土结构外形尺寸偏差，在检查主要轴线、中心线位置时，应沿纵横两个方向量测，并取其中的较大值。

（二）混凝土现浇结构工程质量检验

1.外观质量

①主控项目。

现浇结构的外观质量不应有严重缺陷。

对已经出现的严重缺陷，应由施工单位提出技术处理方案，并经监理（建设）单位认可后进行处理，对经过处理的部位，要重新检查验收。

检查数量：全数部查。

检验方法：观察，检查技术处理方案。

②一般项目。

现浇结构的外观质量不宜有一般缺陷。

对已经出现的一般缺陷，应由施工单位按技术处理方案进行处理，并重新检查验收。

检查数量：全部检查。

检验方法：观察，检查技术处理方案。

2.尺寸偏差

①主控项目。

现浇结构不应有影响结构性能和使用功能的尺寸偏差。混凝土设备基础不应有影响结构性能和设备安装的尺寸偏差。

对超过尺寸允许偏差且影响结构性能和安装、使用功能的部位，应由施工单位提出技术处理方案，并经监理（建设）单位认可后进行处理。对经过处理的部位，要重新检查验收。

检查数量：全数检查。

检验方法：量测，检查技术处理方案。

②一般项目。

现浇结构和混凝土设备基础拆模后的尺寸偏差应符合规定。

检查数量：按楼层、结构缝或施工段划分检验批。在同一检验批内，对梁、柱和独立基础，应抽查构件数量的10%，且不少于3件；对墙和板，应按有代表性的自然间抽查10%，且不少于三间；对大空间结构，墙可按相邻轴线间高度5 m左右划分检查面，板可按纵、横轴线划分检查面，抽查10%，且均不少于三面；对电梯井，应全数检查。对设备基础，应全数检查。

（三）工程质量通病及防治措施

1.结构混凝土缺棱掉角

由于木模板在浇筑混凝土前未充分浇水湿润或湿润不够，浇筑后养护不好，棱角处混凝土的水分被模板大量吸收，造成混凝土脱水，强度降低，或模板吸水膨胀将边角拉裂，拆模时棱角被黏掉，造成截面不规则、棱角缺损。

防治措施如下：

（1）木模板在浇筑混凝土前应充分湿润，浇筑后应认真浇水养护。

（2）拆除侧面非承重模板时，混凝土强度应在 1.2 MPa 以上。

（3）拆模时注意保护棱角，避免用力过猛、过急；吊运模板时，防止撞击棱角；运料时，通道处的混凝土棱角应用角钢、草袋等保护好，以免碰损。

（4）对混凝土结构缺棱掉角的，可按照下列方法处理。

①对较小的缺棱掉角，可将该处松散颗粒凿除，用钢丝刷刷洗干净，经清水冲洗并充分湿润后，用 1 ：2 或 1 ：2.5 的水泥砂浆抹补齐整。

②对较大的缺棱掉角，可将不实的混凝土和凸出的颗粒，用水冲刷干净湿透，然后支模，用比原混凝土高一强度等级的细石混凝土填灌捣实，并认真养护。

2. 混凝土结构表面露筋

质量通病：混凝土结构内部主筋、副筋或箍筋局部裸露在表面，没有被混凝土包裹，从而影响结构性能。

防治措施如下：

（1）浇筑混凝土时应保证钢筋位置正确和保护层厚度符合规定要求，并加强检查。

（2）钢筋密集时，应选用适当粒径的石子，保证混凝土配合比正确和良好的和易性。浇筑高度超过 2 m 时，应用串桶、溜槽下料，以防离析。

（3）对表面露筋，刷洗干净后，在表面抹 1 ：2.0 或 1 ：2.5 的水泥砂浆，将露筋部位抹平；对较深露筋，凿去薄弱混凝土和凸出颗粒，刷洗干净后支模，用高一级的细石混凝土填塞压实并认真养护。

第三节　模板工程

一、模板安装工程

（一）模板安装工程质量控制

1. 材料质量要求

模板是使混凝土凝固成型的模具（模型），混凝土在其内部凝结硬化成设计要求的形式，达到使用要求。实际中使用的模板多为钢制或木质，也有采用铝合金及玻璃钢制成的。模板根据形式又可分为木模板、大模板、滑升模板以及台模和永久模板等。模板材料选用应符合《建筑施工模板安全技术规范》（JGJ 162—2008）的要求。无论使用的模板和支架是哪种类型，其本身的强度、刚度均应符合设计要求。在保证工程结构构件各部分形状尺寸和相互位置的正确性、可靠地承受新浇筑混凝土的自重和侧压力，以承受施工过程中产生的各种荷载时，模板不准产生挠曲变形或破坏。

2. 模板安装工程施工质量控制

（1）模板及其支架应根据工程结构形式、荷载大小、地基土类别、施工设备和材料供应等条件进行设计。模板及其支架应具有足够的承载能力、刚度和稳定性，能可靠地承受浇筑混凝土的重量、侧压力以及施工荷载。

（2）一般情况下，模板自下而上地安装。在安装过程中要注意保证模板稳定，可设置临时支撑稳住模板，待安装完毕且校正无误后方可将其固定牢固。

（3）安装过程中要多检查，注意垂直度、中心线、标高及各部分的尺寸，保证结构部分的几何尺寸和相对位置正确。

（4）墙柱模板安装时应先弹好建筑轴线、楼层的墙身线、门窗洞口位置线及标高线。施工过程中应随时检查测量、放样、弹线工作是否按施工技术方案进行，并进行复核记录。

（5）模板应涂刷隔离剂。涂刷隔离剂时，应选择适宜的隔离剂品种，注意不要使用影响结构或妨碍装饰装修施工的油性隔离剂。同时由于隔离剂沾污钢筋和混凝土接槎处可能对混凝土结构受力性能造成明显的不利影响，在涂刷模板隔离剂时,不得沾污钢筋和混凝土接槎处,并应随时全数认真检查。

（6）模板的接缝不应漏浆。模板漏浆会造成混凝土外观蜂窝麻面从而直接影响混凝土质量。因此无论采用何种材料制作模板,其接缝都应严密,不漏浆。采用木模板时,由于木材吸水会胀缩,故木模板安装时的接缝不宜过于严密。安装完成后应浇水湿润,使木板接缝闭合。浇水时湿润即可,模板内不应积水。

（7）模板安装完后,应检查梁、柱、板交叉处,楼梯间墙面间隙接缝处等,防止有漏浆、错台现象。办理完模板工程预检验收,方准浇筑混凝土。

（8）模板安装和浇筑混凝土时,应对模板及其支架进行观察和维护。发生异常情况时,应按施工技术方案及时进行处理。模板及其支架拆除的顺序及安全措施应按施工技术方案执行。

（二）工程质量通病及防治措施

1. 采用易变形的木材制作模板,模板拼缝不严

质量通病:采用易变形木材制作的模板,因其材质软、吸水率高,混凝土浇捣后模板变形较大,混凝土容易产生裂缝,表面毛糙。模板与支撑面结合不严或者模板拼缝处没刨光的,拼缝处易漏浆,混凝土容易产生蜂窝、裂缝或"砂线"。

防治措施:采用木材制作模板,应选用质地坚硬的木料,不宜使用黄花松木或其他易变形的木材制作模板。模板拼缝应刨光拼严,模板与支撑面应贴紧,缝隙处可用薄海绵封贴或批嵌纸筋灰等嵌缝材料,使其不漏浆。

2. 竖向混凝土构件的模板安装未吊垂线检查垂直度

质量通病:墙体、立柱等竖向构件模板安装后,如不经过垂直度校正,各层垂直度累积偏差过大将造成构筑物向一侧倾斜;各层垂直度累积偏差不大,但相互间相对偏差较大,也将导致混凝土实测质量不合格,且给面层装饰找平带来困难和隐患。局部外倾部位如需凿除,可能危及结构安全及露出结构钢筋,造成受力不利及钢筋易锈蚀;局部内倾部位如需补足粉刷,则粉刷层过厚会造成起壳等隐患。

防治措施:竖向构件每层施工模板安装后,均需在立面内外侧用线坠吊测垂直度,并校正模板垂直度在允许偏差范围内。在每施工一定层次后须从顶到底统一吊垂线检查垂直度,从而控制整体垂直度在一定允许偏差范围内,发现墙体有向一侧倾斜的趋势,应立即加以纠正。

对每层模板垂直度校正后须及时加支撑牢固，以防止浇捣混凝土过程中模板受力后再次发生偏位。

3. 封闭或竖向模板无排气孔、浇捣孔

质量通病：由于封闭或竖向的模板无排气孔，混凝土表面易出现气孔等缺陷，高柱、高墙模板未留浇捣孔，易出现混凝土浇捣不实或空洞现象。

防治措施：墙体的大型预留洞口（门窗洞等）底模应开设排气孔，使混凝土浇筑时气泡及时排出，确保混凝土浇筑密实。高柱、高墙（超过 3 m）侧模要开设浇捣孔，以便混凝土浇筑和振捣。

二、模板拆除工程

1. 模板拆除工程施工过程质量控制

（1）模板及其支架的拆除时间和顺序应事先在施工技术方案中确定，拆模必须按拆模顺序进行，一般是后支的先拆，先支的后拆；先拆非承重部分，后拆承重部分。重大复杂的模板拆除，按专门制订的拆模方案执行。

（2）拆模时不要用力过大过急，拆下来的模板和支撑用料要及时运走、整理。

（3）现浇楼板采用早拆模施工时，经理论计算复核后将大跨度楼板改成支模形式为小跨度楼板（≤ 2 m），当浇筑的楼板混凝土实际强度达到 50% 的设计强度标准值，可拆除模板保留支架，严禁调换支架。

（4）多层建筑施工，当上层楼板正在浇筑混凝土时，下一层楼板的模板支架不得拆除，再下一层楼板的支架，仅可拆除一部分；跨度 4 m 及 4 m 以上的梁下均应保留支架，其间距不得大于 3 m。

（5）高层建筑梁、板模板，完成一层结构，其底模及其支架的拆除时间控制，应对所用混凝土的强度发展情况，分层进行核算，确保下层梁及楼板混凝土能承受上层全部荷载。

（6）拆除前应先清理脚手架上的垃圾杂物，再拆除连接杆件，经检查安全可靠后方可按顺序拆除模板。拆除时要有统一指挥、专人监护，设置警戒区，防止交叉作业，拆下的物品及时清运、整修、保养。

（7）后张法预应力结构构件，侧模宜在预应力张拉前拆除；底模及支架的拆除应按施工技术方案，当无具体要求时，应在结构构件建立预应力之后拆除。

（8）后浇带模板的拆除和支顶方法应按施工技术方案执行。

2. 工程质量通病及防治措施

质量通病：由于现场使用或急于周转模板，或因为不了解混凝土构件拆模时所应遵守的强度和时间龄期要求，未按施工方案要求，过早地将混凝土强度等级和龄期还没有达到设计要求的构件底模拆除，此时混凝土还不能承受全部使用荷载或施工荷载，造成构件出现裂缝甚至破坏，严重至坍塌的质量事故。

防治措施如下：

（1）应在施工组织设计、施工方案中明确考虑施工工序安排、进度计划和模板安装及拆除要求。拆模一定要严格按施工组织方案要求落实，满足一定的工艺时间间歇要求。同时施工现场应落实拆模令，即拆除重要混凝土结构件的模板必须由现场施工员提出申请，技术员签字把关。

（2）现场可以制作混凝土试块，并与现浇混凝土构件同条件养护，到达施工组织方案规定拆模时间时进行抗压强度试验，以检查现场混凝土是否已达到了拆模要求的强度标准。

（3）施工现场交底要明确，操作人员务必了解拆模要求。

（4）按照施工组织方案配备足够数量的模板，不能因为模板周转数量少而影响工期或提早拆模。

第四节　砌体工程

砌体工程是指由砖、石或各种类型砌块通过黏结砂浆组砌而成的工程。砌体工程是建筑工程的重要部分，在砖混结构中，砌体是承重结构。在框架结构中，砌体是维护填充结构。墙体材料通过砌筑砂浆连接成整体，实现对建筑物内部分隔和外部围护、挡风、防水、遮阳等作用。

一、砖砌体工程

（一）砖砌体工程质量控制

1. 材料质量要求

（1）砖进场应按要求进行取样试验，并出具试验报告，合格后方可使用。砖的品种、强度等级必须符合设计要求。用于清水墙、柱表面的砖，应边角整齐、色泽均匀。

（2）水泥的强度等级应根据设计要求进行选择。水泥砂浆采用的水泥，其强度等级不宜大于 32.5 级；水泥混合砂浆采用的水泥，其强度等级不宜大于 42.5 级。水泥进场使用前，应分批对其强度、安定性进行复检。检验批应以同一生产厂家、同一编号为一批。当在使用中对水泥质量有怀疑或水泥出厂超过 3 个月（快硬性硅酸盐水泥超过一个月）时，应复查试验，并按其结果使用。不同品种、强度等级的水泥不得混合使用。

（3）砂宜采用中砂，不得含有有害杂质。砂中含泥量，对水泥砂浆和强度等级不小于 M5 的水泥混合砂浆，不得超过 5%；对强度等级小于 M5 的水泥混合砂浆，不应超过 10%；人工砂、山砂及特细砂，经试配应能满足砌筑砂浆技术条件要求。

（4）生石灰熟化成石灰膏时，应用孔径不大于 3 mm × 3 mm 的网过滤，熟化时间不得少于 7 d；磨细生石灰粉的熟化时间不得少于 2 d。沉淀池中储存的石灰膏，应采取防止干燥、冻结和污染等措施。配制水泥石灰砂浆时，不得采用脱水硬化的石灰膏。

（5）凡在砂浆中掺入有机塑化剂、早强剂、缓凝剂、防冻剂等，应在检验和试配符合要求后，方可使用。有机塑化剂应有砌体强度的型式检验报告。

（6）砂浆应符合以下要求：

①砂浆的品种、强度等级必须符合设计要求。

②水泥砂浆中水泥用量不应小于 200 kg/m³；水泥混合砂浆中水泥和掺合料总量以 300~350 kg/m³ 为宜。

③具有冻融循环次数要求的砌筑砂浆，经冻融试验后，质量损失率不得大于 5%，抗压强度损失率不得大于 25%。

④水泥混合砂浆不得用于基础等地下潮湿环境中的砌体工程。

（7）用于砌体工程的钢筋品种、强度等级必须符合设计要求，并应有产品合格证书和性能检测报告，进场后应进行复检。设置在潮湿环境或有化学侵蚀性介质的环境中的砌体灰缝内的钢筋应采取防腐措施。

2.施工过程质量控制

（1）放线和皮数杆。

①建筑物的标高，应引自标准水准点或设计指定的水准点。基础施工前，应在建筑物的主要轴线部位设置标志板。标志板上应标明基础、墙身和轴线的位置及其标高。对于外形或构造简单的建筑物，可用控制轴线的引桩代替标志板。

②砌筑前，弹好墙基大放脚外边沿线、墙身线、轴线、门窗洞口位置线，并必须用钢尺校核放线尺寸。

③按设计要求，在基础及墙身的转角及某些交接处立好皮数杆，其间距每隔 10~15 m 立一根，皮数杆上画有每皮砖和灰缝厚度及门窗洞口、过梁、楼板等竖向构造的变化位置，控制楼层及各部位构件的标高。砌筑完每一楼层（或基础）后，应校正砌体的轴线和标高。

（2）砌体工作段的划分。

①相邻工作段的分段位置宜设在伸缩缝、沉降缝、防震缝构造柱或门窗洞口处。

②相邻工作段的高度差不得超过一个楼层的高度，且不得大于 4 m。

③砌体临时间断处的高度差不得超过一个脚手架的高度。

④砌体施工时，楼面堆载不得超过楼板允许荷载值。

（3）砌体留槎和拉结筋。

①砖砌体接槎时必须将接槎处的表面清理干净，浇水湿润，填实砂浆并保持灰缝平直。

②多层砌体结构中，后砌的非承重砌体隔墙，应沿墙高每隔 500 mm 配置两根钢筋与承重墙或柱拉结，每边伸入墙内不应小于 500 mm。抗震设防烈度为 8 度和 9 度，长度大于 5 m 的后砌隔墙的墙顶，尚应与楼板或梁拉结。隔墙砌至梁板底时，应留一定空隙，间隔一周后再补砌挤紧。

（4）砖砌体灰缝。

①水平灰缝砌筑方法宜采用"三一"砌砖法，即"一铲灰、一块砖、一揉挤"的操作方法。竖向灰缝宜采用挤浆法或加浆法，使其砂浆饱满，严禁用水冲浆灌缝。

如采用铺浆法砌筑，铺浆长度不得超过 750 mm。施工期间气温超过 30 ℃时，铺浆长度不得超过 500 mm。水平灰缝的砂浆饱满度不得低于 80%；竖向灰缝不得出现透明缝、瞎缝和假缝。

②清水墙面不应有上下二皮砖搭接长度小于 25 mm 的通缝，不得有三分头砖，不得在上部随意变活、乱缝。

③空斗墙的水平灰缝厚度和竖向灰缝宽度一般为 10 mm，但不应小于 7 mm，也不应大于 13 mm。

④筒拱拱体灰缝应全部用砂浆填满，拱底灰缝宽度宜为 5~8 mm，筒拱的纵向缝应与拱的横断面垂直。筒拱的纵向两端，不宜砌入墙内。

⑤为保持清水墙面立缝垂直一致，当砌至一步架子高时，水平间距每隔 2 m，在丁砖竖缝位置弹两道垂直立线，控制游丁走缝。

⑥清水墙勾缝应采用加浆勾缝，勾缝砂浆宜采用细砂拌制的 1∶1.5 水泥砂浆。勾凹缝时深度为 4~5 mm，多雨地区或多孔砖可采用稍浅的凹缝或平缝。

⑦砖砌平拱过梁的灰缝应砌成楔形缝。灰缝宽度，在过梁底面不应小于 5 mm；在过梁的顶面不应大于 15 mm。拱脚下面应伸入墙内不小于 20 mm，拱底应有 1% 起拱。

⑧砌体的伸缩缝、沉降缝、防震缝中，不得夹有砂浆、碎砖和杂物等。

（5）砖砌体预留孔洞和预埋件。

①设计要求的洞口、管道、沟槽，应在砌筑时按要求预留或预埋未经设计同意，不得打凿墙体和在墙体上开凿水平沟槽。超过 300 mm 的洞口上部应设过梁。

②砌体中的预埋件应做防腐处理，预埋木砖的木纹应与钉子垂直。

③在墙上留置临时施工洞口，其侧边离高楼处墙面不应小于 500 mm，洞口净宽度不应超过 1 m，洞顶部应设置过梁。

抗震设防烈度为 9 度的地区建筑物的临时施工洞口位置，应与设计单位共同商定。临时施工洞口应做好补砌。

④不得在下列墙体或部位设置脚手眼：

a.120 mm 厚墙、料石清水墙和独立柱。

b.过梁上与过梁成 60°角的三角形范围及过梁净跨度 1/2 的高度范围内。

c.宽度小于 1 m 的窗间墙。

d.砌体门窗洞口两侧 200 mm（石砌体为 300 mm）和转角处 450 mm（石砌体为 600 mm）范围内。

e.梁或梁垫下及其左右 500 mm 范围内。

f.设计不允许设置脚手眼的部位。

⑤预留外窗洞口位置应上下挂线，保持上下楼层洞口位置垂直；洞口尺寸应准确。

（二）工程质量通病及防治措施

1.砖缝砂浆不饱满，砂浆与砖黏结不良

质量通病：砌体水平灰缝砂浆饱满度低于 80%；竖缝出现瞎缝，特别是空心砖墙，常出现较多的透明缝；砌筑清水墙采取大缩口铺灰，缩口缝深度甚至在 20 mm 以上，影响砂浆饱满度。砖在砌筑前未浇水湿润，干砖上墙，或铺灰长度过长，致使砂浆与砖黏结不良。

防治措施：

（1）改善砂浆和易性，提高黏结强度，确保灰缝砂浆饱满。

（2）改进砌筑方法。不宜采取铺浆法或摆砖砌筑，应推广"三一砌砖法"，即使用大铲，一块砖、一铲灰、一挤揉的砌筑方法。

（3）当采用铺浆法砌筑时，必须控制铺浆的长度，一般气温条件下不得超过 750 mm；当施工期间气温超过 30 ℃时，不得超过 500 mm。

（4）严禁用干砖砌墙。砌筑前 1~2 d 应将砖浇湿，使砌筑时烧结普通砖和多孔砖的含水率为 10%~15%，灰砂砖和粉煤灰砖的含水率为 8%~12%。

（5）冬季施工时，在正温条件下也应将砖面适当湿润后再砌筑。负温条件下施工无法浇砖时，应适当增大砂浆的稠度。对于 9 度抗震设防地区，在严冬无法浇砖的情况下，不能进行砌筑。

2. 清水墙面游丁走缝

质量通病: 大面积的清水墙面常出现丁砖竖缝歪斜、宽窄不匀, 丁不压中(丁砖在下层顺砖上不居中), 清水墙窗台部位与窗间墙部位的上下竖缝发生错位等, 直接影响到清水墙面的美观。

防治措施如下:

(1) 砌筑清水墙, 应选取边角整齐、色泽均匀的砖。

(2) 砌清水墙前应进行统一摆底, 并先对现场砖的尺寸进行实测, 以便确定组砌方法和调整竖缝宽度。

(3) 摆底时应将窗口位置引出, 使砖的竖缝尽量与窗口边线相齐, 如安排不开, 可适当移动窗口位置 (一般不大于 20 mm)。当窗口宽度不符合砖的模数 (如 1.8 m 宽) 时, 应将七分头砖留在窗口下部的中央, 以保持窗间墙处上下竖缝不错位。

(4) 游丁走缝主要是由丁砖游动所引起的, 因此在砌筑时, 必须强调丁压中, 即丁砖的中线与下层顺砖的中线重合。

(5) 在砌大面积清水墙 (如山墙) 时, 在开始砌的几层砖中, 沿墙角 1 m 处, 用线坠吊一次竖缝的垂直度, 至少保持一步架高度有准确的垂直度。

(6) 沿墙面每隔一定间距, 在竖缝处弹墨线, 墨线用经纬仪或线坠引测。当砌至一定高度 (一步架或一层墙) 后, 将墨线向上引抻, 以作为控制游丁走缝的基准。

二、石砌体工程

(一) 石砌体工程质量控制

1. 材料质量要求

(1) 石材。石砌体所用石材应质地坚实, 无风化剥落和裂纹。用于清水墙、柱表面的石材, 应色泽均匀。毛石砌体中所用的毛石应呈块状, 其中部厚度不小于 150 mm, 各种砌块用的料石宽度、厚度均不应小于 200 mm, 长度不应大于厚度的 4 倍。

(2) 水泥、砂、砂浆的质量要求同砖砌体工程。

2. 施工过程质量控制

（1）石砌体采用的石材应质地坚实，无裂纹和无明显风化剥落；用于清水墙、柱表面的石材，应色泽均匀。

（2）石材表面的泥垢、水锈等杂质，砌筑前应清除干净。

（3）砌筑毛石基础的第一皮石块应坐浆，并将大面向下；砌筑料石基础的第一皮石块应用丁砌层坐浆砌筑。

（4）毛石砌体的第一皮及转角处、交接处和洞口处，应用较大的平毛石砌筑。每个楼层（包括基础）砌体的最上一皮，宜选用较大的毛石砌筑。

（5）毛石砌筑时，对石块间存在较大的缝隙，应先向缝内填灌砂浆并捣实，然后再用小石块嵌填，不得先填小石块后填灌砂浆，石块间不得出现无砂浆相互接触现象。

（6）砌筑毛石挡土墙应按分层高度砌筑，并应符合下列规定：

①每砌 3~4 皮为一个分层高度，每个分层高度应将顶层石块砌平。

②两个分层高度间分层处的错缝不得小于 80 mm。

（7）料石挡土墙，当中间部分用毛石砌筑时，丁砌料石伸入毛石部分的长度不应小于 200 mm。

（8）毛石、毛料石、粗料石、细料石砌体灰缝厚度应均匀，灰缝厚度应符合下列规定：

①毛石砌体外露面的灰缝厚度不宜大于 40 mm。

②毛料石和粗料石的灰缝厚度不宜大于 20 mm。

③细料石的灰缝厚度不宜大于 5 mm。

（二）工程质量通病及防治措施

质量通病：墙体砌筑缺乏长石料或图省事、操作马虎，不设置拉结石或设置数量不够。这样易造成砌体拉结不牢，影响墙体的整体性和稳定性，降低砌体的承载力。

防治措施：砌体必须设置拉结石，拉结石应均匀分布，相互错开，在立面上呈梅花形；毛石基础（墙洞皮内每隔 2 m 左右设置一块；毛石墙一般每 0.7 m² 墙面至少应设置一块，且同皮内的中距不应大于 2 m；拉结石的长度，如墙厚小于或等于 400 mm，应同厚；如墙厚大于 400 mm，可用两块拉结石内外搭接，搭接长度不应小于 150 mm，且其中一块长度不应小于墙厚的 2/3。

第五节 屋面工程

屋面工程是房屋建筑的一项重要工程。其中根据建筑物的性质、重要程度、使用功能要求及防水层耐用年限等，屋面防水分为Ⅰ级、Ⅱ级、Ⅲ级、Ⅳ级共四个等级，并按不同等级设防。屋面防水常见种类有卷材防水屋面、涂膜防水屋面和刚性防水屋面。

一、屋面保温层

（一）屋面保温层施工过程质量控制

（1）铺设保温层的基层应平整、干燥和干净。

（2）保温层应干燥，封闭式保温层的含水率应相当于该材料在当地自然风干状态下的平衡含水率。屋面保温层干燥有困难时，应采用排汽措施。

（3）倒置式屋面应采用吸水率小、长期浸水不腐烂的保温材料。保温层上应用混凝土等块材、水泥砂浆或卵石做保护层；卵石保护层与保温层之间，应干铺一层无纺聚酯纤维布做隔离层。

（4）松散材料保温层。

①保温层含水率应符合设计要求。

②松散保温材料应分层铺设并压实，每层虚铺厚度不宜大于 150 mm；压实的程度与厚度必须经试验确定；压实后不得直接在保温层上行车或堆物。

③保温层施工完成后，应及时进行找平层和防水层的施工；雨季施工时，保温层应采取遮盖措施。

（5）板状材料保温层。

①板状材料保温层采用干铺法施工时，板桩保温材料应紧靠在基层表面上，应铺平垫稳；分层铺设的板块上下层接缝应相互错开，板间缝隙应采用同类材料的碎屑填密实。

②板状材料保温层采用粘贴法施工时，胶粘剂应与保温材料的材性相容，

并应贴严、粘牢；板状材料保温的平面接缝应挤紧拼严，不得在板块侧面涂抹胶粘剂，超过 2 mm 的缝隙应采用相同材料板条或片填塞严实。

③板状保温材料采用机械固定法施工时，应选择专用螺钉和垫片；固定件与结构层之间应连接牢固。

（6）整体现浇（喷）保温层。

①沥青膨胀蛭石、沥青膨胀珍珠岩宜用机械搅拌，并应色泽一致，无沥青团；压实程度须根据试验确定，其厚度应符合设计要求，表面应平整。

②硬质聚酯泡沫塑料应按配比准确计量，发泡厚度均匀一致。

③整体沥青膨胀蛭石、沥青膨胀珍珠岩保温层施工须符合下列规定：

a. 沥青加热温度不应高于 240 ℃膨胀蛭石或膨胀珍珠岩的预热温度宜为100~120℃。

b. 宜采用机械搅拌。

c. 压实程度必须根据试验确定。

d. 倒置式屋面当保护层采用卵石铺压时，卵石铺设应防止过量，以免加大屋面荷载，导致结开裂或变形过大，甚至造成结构破坏。

（7）纤维材料保温层。

①纤维材料保温层施工应符合下列规定：

a. 纤维保温材料应紧靠在基层表面上，平面接缝应挤紧拼严，上下层接缝应相互错升。

b. 屋面坡度较大时，宜采用金属或塑料专用固定件将纤维保温材料与基层固定。

c. 纤维材料填充后，严禁上人踩踏。

②装配式骨架纤维保温材料施工时，应先在基层上铺设保温龙骨或金属龙骨，龙骨之间应填充纤维保温材料，再在龙骨上铺钉水泥纤维板。金属龙骨和固定件应经防锈处理，金属龙骨与加层之间应采取隔热断桥措施。

（8）喷涂硬泡聚氨酯保温层。

①保温层施工前应对喷涂设备进行调试，并应制备试样进行硬泡聚氨酯的性能检测。

②喷涂硬泡聚氨酯的配比应准确计量，发泡厚度应均匀一致。

③喷涂时喷嘴与施工基面的间距应由试验确定。

④一个作业面应分遍喷涂完成，每遍厚度不宜大于 15 mm；当日的作业面应当日连续地喷涂施工完毕。

⑤硬泡聚氨酯喷涂后 20 min 内严禁上人；喷涂硬泡聚氨酯保温层完成后，应及时做保护层。

（9）现浇泡沫混凝土保温层。

①在浇筑泡沫混凝土前，应将基层上的杂物和油污清理干净；基层应浇水湿润，但不得有积水。

②保温层施工前应对设备进行调试，并应制备试样进行泡沫混凝土的性能检测。

③泡沫混凝土的配合比应准确计量，制备好的泡沫加入水泥料浆中应搅拌均匀。

④浇筑过程中，应随时检查泡沫混凝土的湿密度。

（二）工程质量通病及防治措施

1. 保温层铺设坡度不当

质量通病：屋面保温层未按设计要求铺出坡度，或未向出水口、水漏斗方向做出坡度，造成屋面积水。

防治措施如下：

（1）在铺设保温层前，应按设计图纸要求的屋面坡度，在屋面上设坡度标志。

（2）铺设保温层时，应按坡度标志挂线，找出坡度，并以此进行铺设。

（3）屋面做完后。若发现屋面坡度不当而积水时，可在结构承载能力允许的情况下，用沥青砂浆适当找垫；如因出水口过高，或天沟坡度倒坡，可降低出水口标高或对天沟坡度进行局部翻修处理。

2. 保温层强度不够

质量通病：已完工的保温层发酥，上人作业时被踩坏，致使保温性能降低。

防治措施如下：

（1）严格按配合比施工。对有疑问的水泥要做强度等级、安定性和凝结时间的鉴定。确定配合比前需要经过试配。施工时必须严格称量。

（2）整体保温层宜随铺设随抹砂浆找平层，分隔施工。使用小车运料时应使用脚手板铺道，避免车轮直接压在保温隔热层上。

二、屋面找平层

（一）屋面找平层施工过程质量控制

1. 材料质量要求

水泥：强度等级不低于 42.5 级的硅酸盐水泥、普通硅酸盐水泥。

砂：宜用中砂、级配良好的碎石，含泥量不大于 3%，不含有机杂质。

石：粒径 0.5~1.5 cm，含泥量不大于 1.0%，级配良好。

水：拌合用水宜采用饮用水。

沥青：沥青砂浆找平层采用 1 ：8（沥青：砂）质量比；沥青可采用 10 号、30 号的建筑石油沥青或其熔合物。具体材质及配合比应符合设计要求。

粉料：可采用矿渣、页岩粉、滑石粉等。

2. 施工过程质量控制

（1）找平层的厚度和技术要求应符合规定。

（2）找平层的基层采用装配式钢筋混凝土板时，应符合下列规定：

①板端、侧缝应用细石混凝土灌缝，其强度等级不应低于 C20。

②板缝宽度大于 40 mm 或上窄下宽时，板缝内应设置构造钢筋。

③板端缝应进行密封处理。

（3）基层处理。

①水泥砂浆、细石混凝土找平层的基层，施工前必须先清理干净并浇水湿润。

②沥青砂浆找平层的基层，施工前必须干净、干燥。满涂冷底子油 1~2 道，要求薄而均匀，不得有气泡和空白。

（4）分格缝留设。

①找平层宜设分格缝，并嵌填密封材料。分格缝应留设在板端缝处，其纵横缝的最大间距：水泥砂浆或细石混凝土找平层，不宜大于 6 m；沥青砂浆找平层，不宜大于 4 m。

②按照设计要求，应先在基层上弹线标出分格缝位置。若基层为预制屋面板，则分格缝应与板缝对齐。

③安放分格缝的木条应平直、连续，其高度与找平层厚度一致，宽度应符合设计要求，断面应上宽下窄，便于取出。

（5）水泥砂浆找平层表面应压实，无脱皮、起砂等缺陷；沥青砂浆找平层的铺设，是在干燥的基层上满涂冷底子油 1~2 道，干燥后再铺设沥青砂浆，滚压后表面应平整、密实、无蜂窝、无压痕。

（6）水泥砂浆、细石混凝土找平层，收水后，应做二次压光，确保表面坚固密实和平整。终凝后应采取浇水、覆盖浇水、喷养护剂等养护措施，保证水泥充分水化，确保找平层质量。同时严禁过早堆物、上人和操作。特别应注意：在气温低于 0 ℃或终凝前可能下雨的情况下，不宜进行施工。

（7）沥青砂浆找平层施工，应在冷底子油干燥后，开始铺设。虚铺厚度一般应按 1.3~1.4 倍压实厚度的要求控制。对沥青砂浆在拌制、铺设、滚压过程中的温度，必须按规定准确控制，常温下沥青砂浆的拌制温度为 140~170 ℃，铺设温度为 90~120 ℃，待沥青砂浆铺设于屋面并刮平后，应立即用火滚子进行滚压（夏天温度较高时，滚筒可不生火），直至表面平整、密实、无蜂窝和压痕为止，滚压后的温度为 60 ℃。对火滚子滚压不到的地方，可用烙铁烫压。施工缝应留斜槎，继续施工时，接槎处应刷热沥青一道，然后再铺设。

（8）内部排水的落水口杯应牢固地固定在承重结构上，均应预先清除铁锈，并涂上专用底漆（锌磺类或磷化底漆等）。落水口杯与竖管承口的连接处，应用沥青与纤维材料拌制的填料或油膏填塞。

（9）准确设置转角圆弧。对各类转角处的找平层宜采用细石混凝土或沥青砂浆，做出圆弧形。施工前可按照设计规定的圆弧半径，采用木材、铁板或其他光滑材料制成简易圆弧操作工具，用于压实、拍平和抹光，并统一控制圆弧形状和半径。

（二）屋面找平层质量检验

1. 主控项目

（1）找平层所用材料的质量及配合比，应符合设计要求。

检验方法：检查出厂合格证、质量检验报告和计量措施。

（2）找平层的排水坡度，应符合设计要求。

2. 一般项目

（1）找平层应抹平、压光，不得有酥松、起砂、起皮现象。

检验方法：观察检查。

（2）卷材防水层的基层与突出屋面结构的交接处，以及基层的转角处，找平层应做成圆弧形，且应整齐平顺。

检验方法：观察检查。

（3）找平层分格缝的宽度和间距，均应符合设计要求。

检验方法：观察和尺量检查。

（4）找平层表面平整度的允许偏差为 5 mm。

检验方法：用靠尺和塞尺检查。

（三）工程质量通病及防治措施

1. 找平层未留设分格缝或分格缝间距过大

质量通病：找平层未留设分格缝或分格缝间距过大，容易因结构变形、温度变形、材料收缩变形引起找平层开裂。

防治措施：找平层应设分格缝，以使变形集中到分格缝处，减少找平层大面积开裂的可能性。留设的分格缝应符合规范和设计的要求。分格缝的位置应留设在屋面板端缝处，其纵横的最大间距：水泥砂浆或细石混凝土找平层，不宜大于 6 m；沥青砂浆找平层，不宜大于 4 m；缝宽为 20 mm，并嵌填密封材料。

2. 找平层的厚度不足

质量通病：水泥砂浆找平层厚度不足，施工时水分易被基层吸干，影响找平层强度，容易引起表面收缩开裂。如在松散保温层上铺设找平层时，厚度不足难以起支撑作用，在行走、踩踏时易使找平层劈裂、塌陷。

防治措施：应根据找平层的不同类别及基层的种类，确定找平层的厚度。

找平层的厚度和技术要求应符合相关规定。

施工时应先做好控制找平层厚度的标记。在基层上每隔 1.5 m 左右做一个灰饼，以此控制找平层的厚度。

三、卷材屋面

（一）卷材屋面施工过程质量控制

（1）屋面坡度大于 25% 时，卷材应采取满粘和打压固定措施。

（2）卷材铺贴方向应符合下列规定：

①卷材宜平行屋脊铺贴。

②上下层卷材不得相互垂直铺贴。

（3）卷材搭接缝应符合下列规定：

①平行屋脊的卷材搭接缝应顺流水方向，卷材搭接宽度应符合规定。

②相邻两幅卷材短边搭接缝应错开，且不得小于 500 mm。

③上下层卷材长边搭接缝应错开，且不得小于幅宽的 1/3。

（4）冷粘法铺贴卷材应符合下列规定：

①胶粘剂涂刷应均匀，不应露底，不应堆积。

②应控制胶粘剂涂刷与卷材铺贴的间隔时间。

③卷材下面的空气应排尽，并应挤压粘牢固。

④卷材铺贴应平整顺直，搭接尺寸应准确，不得扭曲、皱褶。

⑤接缝口应用密封材料封严，宽度不应小于 10 mm。

（5）热粘法铺贴卷材应符合下列规定：

①熔化热熔型改性沥青胶结料时，宜采用专用导热油炉加热，加热温度不应高于 200 ℃，使用温度不宜低于 180 ℃。

②粘贴卷材的热熔型改性沥青胶结料厚度宜为 1.0~1.5 mm。

③采用热熔型改性沥青胶结料粘贴卷材时，应随刮随铺，并应展平压实。

（6）热熔法铺贴卷材应符合下列的规定：

①火焰加热器加热卷材应均匀，不得加热不足或烧穿卷材。

②卷材表面热熔后应立即滚铺，卷材下面的空气应排尽，并应挤压粘贴牢固。

③卷材接缝部位应溢出热熔的改性沥青胶，溢出的改性沥青胶宽度宜为 8 mm。

④铺贴的卷材应平整顺直，搭接尺寸应准确，不得扭曲、皱褶。

⑤厚度小于 3 mm 的高聚物改性沥青防水卷材，严禁采用热熔法施工。

（7）自粘法铺贴卷材应符合下列规定：

①铺贴卷材时，应将自粘胶底面的隔离纸全部撕净。

②卷材下面的空气应排尽，并应提压粘贴牢固。

③铺贴的卷材应平整顺直，搭接尺寸应准确，不得扭曲、皱褶。

④接缝口应用密封材料封严，宽度不应小于 10 mm。

⑤低温施工时，接缝部位宜采用热风加热，并应随即粘贴牢固。

（8）焊接法铺贴卷材应符合下列规定：

①焊接前卷材应铺设平整、顺直，搭接尺寸应准确，不得扭曲、皱褶。

②卷材焊接缝的结合面应干净、干燥，不得有水滴、油污及附着物。

③焊接时应先焊长边搭接缝，后焊短边搭接缝。

④控制加热温度和时间，焊接缝不得有漏焊、跳焊、焊焦或焊接不牢等现象。

⑤焊接时不得损害非焊接部位的卷材。

（9）机械固定法铺贴卷材应符合下列规定：

①卷材应采用专用固定件进行机械固定。

②固定件应设置在卷材搭接缝内，外露固定件应用卷材封严。

③固定件应垂直钉入结构层进行有效固定，固定件数量和位置应符合设计要求。

④卷材搭接缝应黏结或焊接牢固，密封应严密。

⑤卷材周边 800 mm 范围内应满粘。

（二）工程质量通病及防治措施

1.刚性保护层与卷材防水层之间未设置隔离层

质量通病：刚性保护层与卷材防水层之间未设置隔离层，当刚性保护层胀缩变形时，会拉裂防水层，从而导致屋面渗漏。

防治措施：为了减少刚性保护层与防水层之间的黏结力和摩擦力，应设置隔离层，使刚性保护层与防水层之间变形互不影响。隔离层材料一般为低等级强度的石灰黏土砂浆（石灰膏：砂：黏土 =1：2.4：3.6）、纸筋灰、塑料薄膜或干铺卷材等。

2. 高聚物改性沥青防水卷材黏结不牢

质量通病：卷材铺贴后易在屋面转角、立面处出现脱空；而在卷材的搭接缝处，还常发生黏结不牢、张口、开缝等缺陷。

防治措施如下：

（1）基层必须做到平整、坚实、干净、干燥。

（2）涂刷基层处理剂，并要求做到均匀一致，无空白漏刷的现象，但切勿反复涂刷。

（3）屋面转角处应按规定增加卷材附加层，并注意与原设计的卷材防水层相互搭接牢固，以适应不同方向的结构和温度变形。

（4）对于立面铺贴的卷材，应将卷材的收头固定于立墙的凹槽内，并用密封材料嵌填封严。

（5）卷材与卷材之间的搭接缝口，应用密封材料封严，宽度不应小于10 mm。密封材料应在缝口抹平，使其形成明显的沥青条带。

四、涂膜屋面

（一）涂膜屋面施工过程质量控制

（1）防水涂料应多遍涂布，并应待前一遍涂布的涂料干燥成膜后，再涂布后一遍涂料，且前后两遍涂料的涂布方向应相互垂直。

（2）多组分防水涂料应按配合比准确计量，搅拌应均匀，并应根据有效的时间确定每次所配制的数量。

（3）防水工程完工后不得有渗漏和积水现象。

（4）节点、构造细部等处做法应符合设计要求，封固严密，不得开缝翘边，密封材料必须与基层黏结牢固，密封部位应平直、光滑，无气泡、龟裂、空鼓、起壳、塌陷，尺寸符合设计要求；底部放置背衬材料但不与密封材料黏结；保护层应覆盖严密。

（5）涂膜防水层表面应平整、均匀，不应有裂纹、脱皮、流淌、鼓泡、露胎体、皱皮等现象；涂膜厚度应符合设计要求。

（6）涂膜表面上的松散材料保护层、涂料保护层或泡沫塑料保护层等，应覆盖均匀。

（7）在屋面涂膜防水工程中的架空隔热层、保温层、蓄水屋面和种植屋面等，应符合设计要求和有关技术规范规定。

（二）涂膜屋面防水质量检查

1.主控项目

（1）防水涂料和胎体增强材料的质量，应符合设计要求。

检验方法：检查出厂合格证、质量检验报告和进场检验报告。

（2）涂膜防水层不得有渗漏和积水现象。

检验方法：雨后观察或淋水、蓄水试验。

（3）涂膜防水层在檐口、檐沟、天沟、落水口、泛水、变形缝和伸出屋面管道的防水构造，应符合设计要求。

检验方法：观察检查。

（4）涂膜防水层的平均厚度应符合设计要求，且最小厚度不得小于设计厚度的80%。

检验方法：针测法或取样量测。

2.一般项目

（1）涂膜防水层与基层应黏结牢固，表面应平整，涂布应均匀，不得有流淌、皱褶、起泡和露胎体等缺陷。

检验方法：观察检查。

（2）涂膜防水层的收头应用防水涂料多遍涂刷。

检验方法：观察检查。

（3）铺贴胎体增强材料应平整顺直，搭接尺寸应准确，应排除气泡，并应与涂料黏结牢固；胎体增强材料搭接宽度的允许偏差为 –10 mm。

检验方法：观察和尺量检查。

（三）工程质量通病及防治措施

1. 装配式钢筋混凝土预制屋面板板缝处理不当

质量通病：当屋面结构层采用装配式钢筋混凝土预制板时，板缝是应力变形最大的部位，最容易引起防水层开裂而造成屋面渗漏。

非保温屋面板缝的温度变形比保温屋面板缝的温度变形要大，防水层最容易在此处产生开裂从而造成屋面渗漏。

防治措施：

（1）当屋面结构层采用装配式钢筋混凝土预制板时，板缝内应浇灌细石混凝土，其强度等级不应小于 C20；灌缝的细石混凝土中宜掺微膨胀剂。

（2）宽度大于 40 mm 的板缝或上窄下宽的板缝，应加设构造钢筋。板端缝应进行柔性密封处理。

（3）非保温屋面的板缝上应预留凹槽，清理干净后喷、涂基层处理剂并设置背衬材料，缝内应嵌填密封材料。

2. 找平层未留设分格缝或分格缝位置不当

质量通病：找平层未留设分格缝，易造成温差变形和材料收缩裂缝；分格缝位置留设不当或间距过大，会丧失预防裂缝的作用。

防治措施：做水泥砂浆或细石混凝土找平层，均应留设分格缝，缝宽20 mm。如结构层为装配式结构时，分格缝位置应留设在板支承处，与板缝对齐。找平层采用水泥砂浆或细石混凝土时，分格缝纵横间距不宜大于 6 m，采用沥青砂浆时不宜大于 4 m。分格缝应嵌填柔性密封材料。

第六节　木结构工程

一、方木与原木结构

（一）方木与原木结构工程质量控制

（1）可按图纸确定起拱高度，或取跨度的 1/200，但最大起拱高度不大于

20 mm。

（2）桁架上弦或下弦需接头时，夹板所采用螺栓直径、数量及排列间距均应按图施工。螺栓排列要避开髓心。受拉构件在夹板区段的构件材质均应达到一等材的要求。

（3）受压接头端面应与构件轴线垂直，不应采用斜槎接头；齿连接或构件接头处不得采用凸凹样。

（4）当采用木夹板螺栓连接的接头钻孔时，应各部固定，一次钻通以保证孔位完全一致。受剪螺栓孔径大于螺栓直径不超过 1 mm；系紧螺栓孔直径大于螺栓直径不超过 2 mm。

（5）下列受拉螺栓必须戴双螺帽，如钢木屋架圆钢下弦；桁架主要受拉腹杆；受振动荷载的拉杆；直径等于或大于 20 mm 的拉杆。受拉螺栓装配后，螺栓伸出螺帽的长度不应小于螺栓直径的 0.8 倍。

（6）使用钉连接时应注意：当钉径大于 6 mm 时，或者采用易劈裂的树种木材（如落叶松、硬质阔叶树种等），应预先钻孔，孔径为钉径 0.8~0.9 倍，孔深不小于钉深度的 0.6 倍；扒钉直径宜取 6~10 mm。

（7）木屋架、梁、柱在吊装前，应对其制作、装配、运输根据设计要求进行检验，主要检查原材料质量，结构及其构件的尺寸正确程度及构件制作质量，并记录在案，验收合格后方可安装。

（8）屋架就位后要控制稳定，并检查位置与固定情况。第一幅屋架吊装后立即找中、找直、找平，并用临时拉杆（或支撑）固定。第二幅屋架吊装后，立即上脊梁，装上剪力撑。支撑与屋架用螺栓进行连接。

（9）对于经常受潮的木构件以及木构件与砖石砌体及混凝土结构接触处进行防腐处理。在虫害（白蚁、长蠹虫、粉蠹虫及家天牛等）地区的木构件应进行防虫处理。

（10）木屋架支座节点、下弦及梁端部不应封闭在墙、保温层或其他通风不良处内，构件周边（除支承面）及端部均应留出不小于 5 cm 的空隙。

（11）木材自身易燃，在 50 ℃以上高温烘烤下，即降低承载力和产生变形。为此木结构与烟囱、壁炉的防火间距应严格符合设计要求。木结构支承在防火墙上时，不能穿过防火墙，并将端面用砖墙封闭隔开。

（12）在正常情况下，屋架端头应加以锚固，故屋架安装校正完毕后，应将锚固螺栓上螺帽并拧紧。

（二）工程质量通病及防治措施

1. 木桁架高度超差较大

木桁架组装时，对结构高度、起拱高度控制不准，造成木桁架高度超差较大。

防治措施：

（1）杆件加工时，画线、锯截要准确；杆件组装时，各节点连接要严密。

（2）木桁架起拱，可采用抬高立人的方法。

控制方法：桁架基本组装后，在背节点和下弦中央点分别画出节点中心，然后利用钢拉杆螺栓调整其距离，使之符合桁架结构高度的尺寸。为便于桁架组装和调整高度，中钢拉杆的下料长度应比大样尺寸长 50 mm。

（3）结构高度、起拱高度超差时，可利用拉杆螺栓进行调整，使之符合要求。

2. 木桁架槽齿不密合

质量通病：双齿连接时，两个承压面不能紧密一致共同受力，或槽齿承压面局部接触不严，致使桁架早期遭受破坏。

防治措施：

（1）杆件加工时，做梯、断肩需留半线，不得走锯、过线。做双齿时，第一槽尚不密合时，不易修整，故应留一线锯割，第二槽齿留半线锯割。

（2）桁架宜竖立，组装（组装方便，槽齿易密合）。基本组装后，应检查槽齿，承压面是否接触严密，局部间隙不应超过 1 mm，不允许有穿透的缝隙。组装无误后再将上下弦的保险螺栓孔一次钻通，边钻边复核孔位。如果对上下弦分别钻孔，要从接触点向两端钻，以消除孔位误差。

（3）槽齿接触不密合，应采用细锯锯第一槽齿的承压面，靠自重使双齿密合。槽齿接触不密合，则不易修整。如槽齿间有均匀缝隙，应将桁架竖起靠自重密合；或适当拧紧拉杆螺栓使之密合，但要照顾到结构高度和起拱高度不得超差，不得用楔和金属板等填塞其缝隙。

3. 木桁架吊装变形、破坏

桁架在吊装过程中，产生临时侧向弯、扭变形，使节点松动，甚至造成破坏。

防治措施桁架吊装时，吊索要兜住桁架下弦，避免单绑在上弦节点上，吊索位置要符合要求并绑扎牢固；起吊前应在桁架两端系上拉绳，以控制桁架在起吊过程中产生摆动；当桁架吊起离开地面 30 mm 后，应停车检查，无问题后再继续起吊，对准位置徐徐放下就位。为保证桁架在吊装过程中的侧向刚度和稳定性，应在上弦两侧绑上水平撑杆。若发现桁架跨度很大，还需在下弦两侧加设横撑。

第七节　钢结构工程

一、钢结构原材料

（一）钢结构原材料的质量控制

（1）工程中所有的钢构件必须有出厂合格证和有关的质量证明文件。

（2）钢材、焊接材料、连接用紧固件、焊接球、封板、锥头和套筒、金属压型板、涂装材料等的品种、规格、性能等应符合现行国家产品标准和设计要求，使用前必须检查产品质量合格证明文件、中文标志和检验报告；进口的材料应进行商检，其产品的质量应符合设计和合同规定标准的要求。如果不具备或对证明材料有疑义时，应抽样复检，试验结果只有达到国家标准规定和技术文件的要求才可使用。

（3）高强度大六角头螺栓连接副和扭剪型高强度螺栓连接副出厂时应分别随箱带有转矩系数和紧固力（与拉力）的检验报告，并应检查复验报告，施工单位应在使用前及产品质量保证期内及时复验，该复验应为见证取样、送样检验项目。

（4）凡标志不清或怀疑有质材问题的材料、钢结构件、重要钢结构主要受力构件钢材和焊接材料、高强螺栓、须进行追踪检验的以控制和保证质量可靠性的材料和钢结构等，均应进行抽检。对于重要的构件应按设计规定增加采样数量。

（5）充分了解材料的性能、质量标准、适用范围和对施工的要求。材料的代用必须获得设计单位的认可。

（6）焊接材料必须分类堆放，并且明显标明不得混放；高强度螺栓存放应防潮、防雨、防粉尘，并按类型、规格、批号分类存放保管。

（二）工程质量通病及防治措施

1. 使用无质量证明书的钢材或钢材表面锈蚀严重

质量通病：无质量证明书的钢材，其性能无法保证，且钢材品种较多，容易混堆、混放，误用了无出厂质量证明的钢材，会影响钢结构的工程质量。锈蚀严重的钢材，表面出现麻点和片状锈斑，其钢材厚度减小，达不到设计要求。

防治措施如下：

（1）严格检查和验收进场钢材，使用的钢材应具有质量证明书，并应符合设计要求。钢材表面质量除应符合国家现行标准规定外，其表面锈蚀等级应符合现行国家标准《涂覆涂料前钢材表面处理表面清洁度的目视评定》（GB/T 8923）的规定；当钢材表面有锈蚀、麻点或划痕等缺陷时，其深度不得大于该钢材厚度负偏差值的1/2；不符合要求的，不得用作结构材料。

（2）钢材使用前，必须认真复核其化学成分、力学性能，符合标准及设计要求的方可使用。用于重要钢结构、新生产的钢号及进口钢材，在必要时还要进行加工工艺性能试验（如焊接性能试验等）。钢材代用必须通过设计单位核定。

（3）进场钢材应分批分规格堆放，并有防止钢材锈蚀的存放措施，遇有混堆、混放，难以区分的钢材，必须按有关标准抽样复试。

2. 对进场的钢材不进行检验

质量通病：对进场的钢材不核对质量证明书，不进行外观检查就直接使用。这样有可能会将化学成分、力学性能不符合国家标准的钢材应用到工程上而造成重大安全事故。

防治措施：对进场的钢材应核对质量证明书上的化学元素含量（硫、磷、碳）、力学性能（抗拉强度、屈服点、断后伸长率、冷弯、冲击值）是否在国家标准范围内。

核对质量证明书上的炉号、批号、材质、规格是否与钢材上的标注相一致。一般应全数检查，用游标卡尺或千分尺检；钢板厚度及允许偏差、型钢的规格尺寸及允许偏差是否符合有关标准的要求。每一品种、规格的钢板、型材抽查5处。此外，还应检查钢材的外观质量是否符合有关现行国家标准的规定。

二、钢零件及钢部件工程

（一）钢零件及钢部件工程质量控制

主要控制钢材切割面或剪切面的平面度、割纹和缺口的深度、边缘缺棱、型钢端部垂直度、构件几何尺寸偏差、矫正工艺、矫正尺寸及偏差、控制温度、弯曲加工及成型、刨边允许偏差和粗糙度、螺栓孔质量（包括精度、直径、圆度、垂直度、孔距、孔边距等）、管和球的加工质量等均应符合设计和规范要求。

（二）工程质量通病及防治措施

1.号线下料时不注意留足切割、加工余量

质量通病：由于切割、加工、焊接收缩都会引起工件尺寸的变化，不留足余量，将会使工件组装后不符合制作尺寸要求，导致返工、返修甚至报废，增加成本。

防治措施：号线下料前，应仔细学习、审核图纸，逐个核对图纸之间的尺寸和方向等，熟悉制作工艺。对需切割、刨、铣、边缘加工的工件，应依据工件尺寸的长短留足切割、加工余量。

对于焊接量大、尺寸精度要求高的工件，要根据焊缝的多少及尺寸的大小，留出焊接收缩余量，其值可根据经验或与工艺师研究确定。

2.钢材切割面或剪切面出现裂纹、夹渣等缺陷

质量通病：钢材切割后在切割面或剪切面出现裂纹、夹渣、分层和大于1 mm的缺陷等，影响钢结构连接的力学性能和工程质量。尤其是承受动荷载的结构存在裂纹、夹渣、分层等缺陷，将会造成质量安全事故。

防治措施：钢材经气割或机械切割后，应通过观察或用放大镜及百分尺全数检查切割面或剪切面。对有特殊要求的切割面或剪切面，或对外观检查有疑问时，应进行渗透、磁粉或超声波探伤检查。

3.钢构件组装拼接口超差

质量通病：钢构件组装拼接口错位（错边）、不平、间隙大小不符合规定、不均匀，从而造成拼接口误差超差，受力不匀，降低拼接口强度，影响构件质量。

防治措施如下：

（1）仔细检查组装零部件的外观、材质、规格、尺寸和数量，应符合图纸和规范要求，并控制在允许偏差范围内。

（2）构件组装拼接口错位（错边）应控制在允许偏差范围内，接口应平整，连接间隙必须按有关焊接规范规定，做到大小均匀一致。

（3）组装大样定形后应进行自检、监理检查，首件组装完成后也应进行自检、监理检查。

4. 大型构件焊缝尺寸达不到要求

质量通病：大型构件上的节点焊缝宽度、厚度、饱满度等不符合设计和规范要求，使节点焊缝强度降低，影响构件的承载力。

防治措施如下：

（1）对尺寸大且要求严的腹板坡口，应采用机械加工，组对时注意间隙均匀，使其符合规范要求。

（2）自动焊时要注意调整焊嘴对准焊缝。

（3）加强焊工技术培训、操作控制与焊缝的监测检查，不符合要求的及时处理。

5. 钢构件预拼装超差

质量通病：钢构件预拼装的几何尺寸、对角线、拱度、弯曲矢高超过允许值，质量达不到设计要求。

防治措施如下：

（1）预拼装比例按合同和设计要求，一般按实际平面情况预装10%~20%。

（2）钢构件制作、预拼用的钢直尺必须经计量检验，并相互核对，测量时间宜在早晨日出前、下午日落后。

（3）钢构件预拼装地面应坚实，胎架强度、刚度必须经设计计算确定，各支撑点的水平精度可用已计量检验的各种仪器逐点测定调整。

（4）高强螺栓连接预拼装时，使用冲钉直径必须与孔径一致，每个节点要超过3只，临时普通螺栓数量一般为螺栓孔的1/3。对孔径检测，试孔器必须垂直自由穿落。

（5）在预拼装中，由于钢构件制作误差或预拼装状态误差造成预拼装不能在自由状态下进行时，应对预拼装状态及钢构件进行修正，确保预拼装在自由状态下进行，预拼装的允许偏差应符合相关规定。

6.构件跨度不准确

质量通病：构件跨度值大于或小于设计数值，造成组装困难。

防治措施如下：

（1）由于构件制作偏差，起拱与跨度值发生矛盾时，应先满足起拱数值。

（2）构件在制作、拼装、吊装中所用的钢直尺应统一，小拼构件偏差必须在中拼时消除。

三、钢结构焊接工程质量控制

1.焊接材料与焊接母材材质不匹配，或使用不符合要求的焊接材料

焊接材料与焊接母材的化学成分、力学性能不相匹配，多由于图纸出现错误或不明确而选错了焊材却未被发现，如母材为Q345钢，选用了T422焊条、H08A焊丝；或使用了不符合设计要求的焊材；或不同强度的母材，选用了与较低强度母材相适应的焊材等，从而导致焊材的强度指标与母材相差甚大，不相匹配，对焊接质量产生严重影响。

焊接材料的选择和使用应符合下列要求：

（1）焊接材料应按设计文件的要求选用，其化学成分、力学性能和其他要求必须符合现行国家标准和行业标准规定，并应具有生产厂家出具的质量证明书，不得使用无质量证明书的焊接材料。

（2）焊接材料应注意须同母材的钢材材质相匹配。

（3）焊条、焊丝、焊剂和粉芯焊丝均应储存在干燥、通风的室内仓库，并由专人保管。焊条药皮脱落、严重污染或过期产品严禁使用。

（4）焊条、焊丝、焊剂和粉芯焊丝在使用前，必须按产品说明书及有关工艺文件规定进行烘烤。

2.焊缝尺寸不符合要求

质量通病：焊缝尺寸不符合要求，包括焊缝外形高低不平、焊波宽窄不齐、焊缝增高量过大或过小、焊缝宽度太宽或太窄、焊缝和母材之间的过渡不平

滑等。

产生焊缝尺寸不符合要求的原因往往是焊接坡口角度不当或装配间隙不均匀、焊接参数选择不当、运条速度或操作不当及焊条角度掌握不合适等。其危害性有连接强度达不到规范要求、不美观等几个方面。

防治措施：对尺寸过小的焊缝应加焊到所要求的尺寸；坡口角度要合适，装配间隙要均匀；正确地选择焊接参数；焊条电弧焊操作人员要熟练地掌握运条速度和焊条角度，以获得成形美观的焊缝。

第五章 建筑工程质量通病控制

第一节 地基与基础工程常见的质量通病及防治

1. 钢筋混凝土预制桩

（1）桩身质量差。

质量通病：桩尺寸偏差大，外观粗糙，施打中桩身被破坏。

防治措施如下：

①预制桩混凝土强度等级不宜低于 C30。

②原材料质量必须符合施工规范要求，严格按照混凝土配合比配制。

③钢筋骨架尺寸、开关、位置应正确，混凝土浇筑顺序必须从桩顶向桩基方向连续浇筑，并用插入式振捣器捣实。

④按规范要求养护，打桩时混凝土龄期不少于 28 d。

（2）桩身偏移过大。

质量通病：成桩后，经开挖检查验收，桩位偏移超过规范要求。

防治措施如下：

①施工前需平整场地，其不平整度控制在 1% 以内。

②施工过程中应对每根桩位复查，桩位的放样允许偏差为群桩 20 mm，单排桩 10 mm；插桩和开始沉桩时，控制桩身的垂直度在 1/200 桩长内；接桩时要保证两节桩在同一轴线上，接头质量符合设计要求和施工规范规定。

③严格控制沉桩速率，采取必要的排水措施，减少对邻桩的挤压偏位；选用合理的沉桩顺序。

④接桩时，要保证上、下两节桩在同一轴线上，接头质量符合设计要求和

施工规范规定。

⑤沉桩过程中发现桩倾斜，应及时调查分析和纠正；发现桩位偏差超过规范要求时，应会同设计人员研究处理。

（3）接桩处松脱开裂、接长桩脱桩。

质量通病：接桩处经过锤击后，出现松脱开裂等现象；长桩打入施工完毕检查完整性时，发现有的桩出现脱节现象（拉开或错位），降低和影响桩的承载能力。

防治措施如下：

①连接处的表面应清理干净，不得留存杂质、雨水和油污等。

②采用焊接或法兰连接时，连接铁件及法兰表面应平整，不能有较大间隙，否则极易造成焊接不牢或螺栓拧不紧。

③采用硫磺胶泥接桩时，硫磺胶泥配合比应符合设计规定，严格按操作规程熬制，温度控制要适当等。

④上、下节桩双向校正后，其间隙用薄铁板填实焊牢，所有焊缝要连续饱满，按焊接质量要求操作。

⑤对因接头质量引起的脱桩，若未出现错位情况，属有修复可能的缺陷桩。当成桩完成，土体扰动现象消除后，采用复打方式，可弥补缺陷，恢复功能。

⑥对遇到复杂地质情况的工程，为避免出现桩基质量问题，可改变接头方式，如用钢套方法，接头部位设置抗剪键，插入后焊死，可有效防止脱开。

（4）桩头质量差、桩头打碎。

质量通病：预制桩在受到锤击时，桩头处混凝土碎裂、脱落，桩顶钢筋外露。

防治措施如下：

①混凝土强度等级不宜低于 C30，桩制作时要振捣密实，养护期不宜少于 28 d。

②桩顶处主筋应平齐，确保混凝土振捣密实，保护层厚度一致。

③桩制作时桩顶混凝土保护层不能过大，以 3 cm 为宜，沉桩前对桩进行全面检查，用三角尺检查桩顶的平整度，不符合规范要求的桩不得使用，或必须经过处理方可使用。

④根据地质条件和断面尺寸及开关，合理选用桩锤，严格控制桩锤的落距，

遵照"重锤低击"的原则。

⑤施工前，认真检查桩帽与桩顶的尺寸，桩帽一般大于桩截面周边 2 cm。如桩帽尺寸过大和翘曲变形不平整，进行处理后方能施工。

⑥沉桩过程中发现桩头被打碎，应立即停止沉桩，更换或加厚桩垫。如桩头破裂较严重，将桩顶补强后重新沉桩。

（5）断桩。

质量通病：在沉桩过程中，由于桩身混凝土强度低或施工方法不当造成桩身断裂。

防治措施如下：

①桩的混凝土强度不宜低于 C30，制桩时各分项工程应符合有关验收标准，同时，必须要有足够的养护期和正确的养护方法。

②桩在堆放、起吊、运输过程中，应严格按照有关规定或操作规程执行，发现桩开裂超过有关验收规定时，严禁使用。

③桩机必须保持平整且垂直，一旦出现桩身倾斜，不得强行校正，应将桩拔出重新沉桩；

④沉桩前，应对桩构件进行全面检查，若桩身弯曲大于 1% 桩长，高度大于 20 mm 的桩，不得使用。

（6）沉桩指标达不到设计要求。

质量通病：沉桩结束时，桩端入土深度、贯入度指标不符合设计要求。

防治措施如下：

①核查地质报告，必要时应补勘。

②在正式施工前，先打两根试桩，以检验设备和工艺是否符合要求。根据工程地质资料，结合桩断面尺寸、形状，合理选择沉桩设备和沉桩顺序。

③打桩时，对桩尖进入坚硬土层的端承桩，以控制贯入度为主，桩尖进入持力层深度或桩尖标高为参考；桩尖位于软土层中的摩擦型桩，以控制桩尖设计标高为主，贯入度可作为参考。

④采取有效措施，防止桩顶击碎和桩身断裂。

⑤沉桩过程中遇到硬土层或粉砂层时，可采用植桩法或射水法；遇到夹层时，可采用钻孔法钻透硬夹层，把桩插进孔内，以达到设计要求。

2. 静力压桩工程

（1）桩身出现倾斜或位移。

质量通病：成桩后，桩身垂直度偏差过大或产生横向位移，导致桩的承载力降低。

防治措施如下：

①施工前应对施工场地进行适当处理，增强地耐力；在压桩前，应对每个桩位进行复验，保证桩位正确。

②在施工前，应将地下障碍物，如墙基、混凝土基础等清理干净，如果在沉桩过程中出现明显偏移，应立即拔出（一般在桩入土 3 m 内是可以拔出的），待重新清理后再沉桩。

③在施工过程中，应保持桩机平整，不能桩机未校平时就开始施工作业。

④当施工中出现严重偏位时，应会同设计人员研究处理，如采用补桩措施，按预制桩的补桩方法即可。

（2）沉桩深度不足。

质量通病：沉桩达不到设计标高。

防治措施如下：

①静力压桩施工前，应了解现场土质情况，检查装机设备，以免压桩时中途中断，造成土层固结，使压桩困难。

②桩机必须满足沉桩要求，并应对桩机进行全面整修，确保在沉桩过程中机械完好，一旦出现故障，应及时抢修。

③按设计要求与规范规定验收预制桩质量合格后才能沉桩。

④桩机必须保持平整且垂直，一旦出现桩身倾斜，不得强行校正。

⑤遇有硬土层或粉砂层时，可采用植桩法或射水法施工。

⑥静力压桩时，当压桩至接近设计标高时，不可过早停压，应使压桩一次成功，以免造成压不下或超压现象。

3. 泥浆护壁钻孔灌注桩

（1）成孔质量不合格。

质量通病：钻孔过程中出现孔壁坍塌，桩孔倾斜，孔道弯曲，缩孔，孔底沉渣厚度超过允许值，成孔深度达不到设计要求。

防治措施如下：

①机具安装或钻机移位时，都要进行水平、垂直度校正。钻杆的导向装置应符合下列规定：

a.潜水钻的钻头上应配有一定长度的导向扶正装置。成孔钻具（导向器、扶正器、钻杆、钻头）组合后对垂直度偏差应满足要求。

b.利用钻杆加压的正循环回转钻机，在钻具中应加设扶正器，在钻架上增设导向装置，以控制提引水龙头不产生较大的晃动。

c.钻杆本身垂直偏差应控制在 0.2% 以内。

②选用合适形式的钻头，检查钻头是否偏心。

③正确埋置护筒：

a.预先探明浅层地下障碍物，清除后埋置护筒。

b.依据现场土质和地下水位情况，决定护筒的埋置方试，一般在黏性土中不宜小于 1 m，在砂土及松软土中不宜小于 1.5 m。要保证下端口埋置在较密实的土层，护筒外围要用黏土等渗漏小的材料封填压实。护筒上口应高出地面 100 mm。护筒内径宜比设计桩径大 100 mm，且有一定的刚度。

c.做好现场排水工作，如果潮汐变化引起孔内外水压差变化大，可加高护筒，增大水压差调节能力。

④制备合格的泥浆：

a.重视对泥浆性能指标的控制。

b.在淤泥质土或流砂中钻进，宜加大泥浆比重，且钻进采用低转速慢进尺。

c.在处理弯孔、缩孔时，若需提钻进行上下扫孔作业，应先适当加大泥浆比重。

⑤选择恰当的钻进方法：

a.开孔时 5 m 以内，宜选用低转速慢进尺。每进尺 5 m 左右检查，一次成孔。

b.在淤泥质土或流砂中钻进时，应控制转速和进尺，且加大泥浆比重。

c.在有倾斜的软硬土层钻进时，应控制进尺，低转速钻进。

d.在回填后重钻的弯孔部位钻进时，也宜用低转速慢进尺，必要时还要上下扫孔。

e. 在黏土层等易缩孔土层中钻进时，应选择同设计直径一样大的钻头，且放慢进尺速度。

f. 在透水性大或有地下水流动的土层中钻进时要加大泥浆比重。

（2）钢筋笼的制作、安装质量差。

质量通病：安装钢筋笼困难，灌注混凝土，使钢筋笼上浮，下放导管困难。

防治措施如下：

①钻孔时，严格掌握孔径、孔垂直度或设计斜桩的斜度，尽量使孔壁规则。如出现缩孔，必须加以治理和扩孔。

②在灌注水下混凝土前，要始终保持孔内有足够水头高。

③吊放钢筋笼时，应对准孔中心，并竖直插入。

④导管拼装后轴线顺直，吊装时，导管应位于井孔中央，并在灌注前进行升降是否顺利的试验。法兰盘式接口的导管，在连接处加一以圆锥形白铁罩。白铁罩底部与法兰盘大小一致，白铁罩顶与套管头上卡住。

⑤钢筋笼分段入孔前，应在其下端主筋端部加焊一道加强箍，入孔后各段相连时，搭接方向应适宜，接头处满焊。

⑥发生卡挂钢筋笼时，可转动导管，待其脱开钢筋笼后，将导管移至孔中央继续提升。

⑦转动后仍不能脱开时，只能放弃导管，进行埋管。

⑧摩擦型桩应将钢筋骨架的几根主筋延伸至孔底，钢筋骨架上端在孔口处与护筒相接固定。

⑨灌注中，当混凝土表面接近钢筋笼底时，应放慢混凝土灌注速度，并应使导管保持较大埋深，使导管底口与钢筋笼底端间保持较大距离，以减小对钢筋笼的冲击。

⑩混凝土液面进入钢筋笼，定深度后，应适当提升导管，使钢筋笼在导管下口有一定埋深，但应注意导管埋入混凝土表面不小于 2 m。

（3）桩身质量差。

质量通病：成桩桩顶标高偏差过大，桩身混凝土强度偏低或存在缩颈、断桩等缺陷。

防治措施如下：

①深基坑内的桩，宜将成桩标高提高 50~80 cm。

②防止误判，准确导管定位。

③加强现场设备的维护。施工现场要有备用的混凝土搅拌机，导管的拼接质量要通过 0.6 MPa 试压合格后方可使用。

④灌注混凝土时要连续作业，不得间断。

第二节　主体结构工程常见的质量通病及防治

一、地下室防水工程

1.混凝土构件引起的渗漏

（1）混凝土蜂窝、麻面、露筋、孔洞等造成地下室渗水。

质量通病：混凝土表面局部缺浆粗糙、有许多小凹坑，但无露筋；混凝土，局部酥松，砂浆少，石子多，石子间形成蜂窝；混凝土内有空腔，没有混凝土。

防治措施如下：

①对混凝土应严格计量，搅拌均匀，长距离运输后要进行二次搅拌。

②对自由入模高度过高者，应使用串桶滑槽，浇筑应按施工方案分层进行，振捣密实。

③对于钢筋密集处调整石子级配，较大的预留洞下应预留浇筑口。模板应支设牢固，在混凝土浇筑过程中，应指派专班"看模"。

④根据蜂窝、麻面、孔洞及渗漏水、水压大小等情况，先查明渗漏水的部位，然后进行堵漏和修补处理。堵漏和修补处理可依次进行或同时穿插进行。可采用促凝胶浆、割凝灌浆、集水井等堵漏法。蜂窝、麻面不严重的可采用水泥砂浆抹面法。蜂窝、孔洞面积不大但较深，可采用水泥砂浆捻实法。蜂窝、孔洞严重的，可采用水泥压浆和混凝土浇筑方法。

（2）防水混凝土施工缝漏水。

质量通病：施工缝处混凝土松散，集料集中，接槎明显，沿缝隙处渗漏水。

防治措施如下：

①施工缝应按规定位置留设，防水薄弱部位及底板上不应留设施工缝，墙板上如必须留设垂直缝时，应与变形缝相一致。

②施工缝的留设、清理及新旧混凝土的接浆等应有统一部署，专人负责。

③设计人员在确定钢筋布置位置和墙体厚度时，应考虑方便施工，以保证工程质量。如施工缝渗水，可采用防水堵漏技术进行修补。

④根据渗漏、水压大小情况，采用促凝胶浆或量凝灌浆堵漏；不渗漏的施工缝，可沿缝剔成八字形凹槽，松散石子剔除，用水泥素浆打底，抹 1：2.5 水泥砂浆找平压实。

（3）混凝土裂缝产生渗漏。

质量通病：混凝土表面有不规则的收缩裂缝，且贯通于混凝土结构，有渗漏水现象。

防治措施如下：

①防水混凝土所用水泥必须经过检测，杜绝使用安定性不合格的产品，混凝土配合试验室提供，并严格控制水泥用量。

②对于地下室底板等厚大体积的混凝土，应遵守大体积混凝土施工关规定，严格控制温度差。并合理设变形缝，以适应结构变形。

③渗漏裂缝可采用促凝胶浆或氟凝灌浆堵漏。

④结构若出现环形裂缝，可采用埋入式橡胶止水带、后埋式止水带、粘贴式氯丁胶片及涂刷式氯丁胶片等方法。

2. 防水工程引起的渗漏

（1）预埋件部位产生渗漏。

质量通病：沿预埋件周边或预埋件附件出现渗漏水。

防治措施如下：

①预埋件应有固定措施，预埋件密集处应有施工技术措施，预埋件铁脚应按规定焊好止水环。

②地下室的管线应尽量设计在地下水位以上，穿墙管道一律设置止水套管，管道与套管采用柔性连接。

③先将周边剔成环形裂缝，然后用促凝胶浆或量凝灌浆堵漏方法处理。

④渗漏严重的需将预埋件拆除，制成预制块，其表面抹好防水层，并剔凿出网槽供埋设预制块用。埋设前在凹槽内先嵌入快凝砂浆，再迅速埋入预制块。待快凝砂浆具有一定强度后，周边用胶浆堵塞，并用素浆嵌实，然后分层抹防水层补平。

（2）管道穿墙或穿地部位渗漏水

质量通病：常温管道周边阴湿或有不同程度的渗漏。热力管道周边防水层隆起或酥浆，并出现渗漏。

防治措施如下：

①热水管道穿透内墙部位出现渗漏水时，可剔大穿管孔眼，采用预制半圆混凝土套管理设法处理，即热力管道带填料可埋在半圆形混凝土套管内，两个半圆混凝土套管包住热力管道。半圆混凝土套管外表是粗糙的，在半圆混凝土套管与原混凝土之间再用促凝胶浆或氟凝灌浆堵塞处理。

②热力管道穿透外墙部位出现渗漏水时，需将地下水位降低至管道标高以下，用设置橡胶止水套的方法处理。

（3）后浇带漏水

质量通病：地下室沿后浇缝处渗漏水。

防治措施如下：

①必须全面清除后浇缝两侧的杂物，如油污等；打毛混凝土两侧面。

②后浇混凝土的间隔时间，应在主体结构混凝土完成 30~40 d。宜选择气温较低的季节施工，可避免混凝土因冷缩而裂缝。要配制补偿收缩混凝土。

③要认真按配合比施工，搅拌均匀，随拦随灌注，振捣密实，两次拍压，抹平，保养护不少于 7 d。

二、混凝土工程

（一）麻面

质量通病：混凝土表面出现缺浆和许多小凹坑与麻点，形成粗糙面，影响外表美观，但无钢筋外漏现象。

防治措施如下：

①模板表面应清理干净，不得粘有干硬水泥砂浆等杂物。

②浇筑混凝土前，模板应浇水充分湿润，并清扫干净。

③模板拼缝应严密，如有缝隙，应用油毡纸、塑料条、纤维板或腻子培严。

④模板隔离剂涂刷要均匀，并防止漏刷。

⑤混凝土应分层均匀振捣密实，严防漏振，每层混凝土均应振捣至排除气泡为止。

⑥拆模不应过早。

⑦表面还要抹灰的，可不作处理。

⑧表面不再做装饰的，应在麻面部分浇水充分湿润后，用原混凝土配合比（去掉小石子）砂浆，将麻面抹平压光，使颜色一致。修补完后，应用棉毡进行保湿养护 7 d。

（二）蜂窝

质量通病：混凝土结构局部酥松，砂浆少、石子多，石子之间出现类似蜂窝状的大量空隙、窟窿，使结构受力截面受到削弱，强度和耐久性降低。

防治措施如下：

①认真设计并严格控制混凝土配合比，加强检查，保证材料计量准确，混凝土应拌和均匀，坍落度应适宜。

②混凝土下料高度如超过 2 m，应设串筒或溜槽。

③浇筑应分层下料，分层捣固，防止漏振。

④混凝土浇筑宜采用带浆下料法或赶浆捣固法。捣实混凝土拌合物时，插入式振捣器移动间距不应大于其作用半径的 1.5 倍；振捣器至模板的距离不应大于振捣器有效作用半径的 1/2，为保证上、下层混凝土良好结合，振捣棒应插入下层混凝土 5 cm。

⑤混凝土振捣时，当振捣到混凝土不再显著下沉和出现气泡，混凝土表面出浆呈水平状态，并将模板边角填满密实即可。

⑥模板缝应堵塞严密。浇筑混凝土过程中，要经常检查模板、支架、拼缝等情况发现模板变形、走动或漏浆，应及时修复。

⑦对小蜂窝，用水洗刷干净后，用素水泥浆涂抹，并用 1：2 或 1：2.5 水泥砂浆压实抹平。

⑧对较大蜂窝，用素水泥浆涂抹后，先凿去蜂窝处薄弱松散的混凝土和凸出的颗粒，刷洗干净后支模，用高一强度等级的细石混凝土仔细强力填塞捣实，并进行认真养护。

⑨较深蜂窝如清除困难，可埋压浆管和排气管，表面抹砂浆或支模灌混凝土封闭后，进行水泥压浆处理。

（三）孔洞

质量通病：混凝土结构内部有尺寸较大的窟窿，局部或全部没有混凝土；或蜂窝空隙特别大，钢筋局部或余部裸露；孔穴深度和长度均超过保护层厚度。

防治措施如下：

①在钢筋密集处及复杂部位，采用细石混凝土浇筑，使混凝土易于充满模板，并仔细振捣密实，必要时，辅以人工捣实。

②预留孔洞、预埋铁件处应在两侧同时下料，预留孔洞、铁件下部浇筑应在侧面加开浇灌口下料振捣密实后再封好模板，继续往上浇筑，防止出现孔洞。

③采用正确的振捣方法，防止漏振。插入式振捣器应采用垂直振捣方法，即振捣棒与混凝土表面垂直振捣。插点应均匀排列。每次移动距离不应大于振捣棒作用半径的 1.5 倍。一般振捣棒的作用半径为 30~40 cm。振捣器操作时应快插慢拔。

④控制好下料，混凝土自由倾落高度不应大于 2 m（浇筑板时为 1.0 m），大于 2 m 时采用串筒或溜槽下料，以保证混凝土浇筑时不产生离析。

⑤对各种混凝土孔洞的处理，应经有关单位共同研究，制定修补或补强方案，经批准后方可处理。

⑥一般孔洞的处理方法是：将孔洞周围的松散混凝土和软弱浆膜凿除，用压力水冲洗，支设带托盒的模板，洒水充分湿润后，用比结构高强度等级的半干硬性细石混凝土仔细分层浇筑，强力捣实，并养护。凸出结构面的混凝土，须待达到 50% 强度后再凿去，表面用 1：2 水泥砂浆抹光。

⑦对于面积大而深进的孔洞，按第⑥项清理后，在内部埋压浆管、排气管，填清洁的碎石（粒径 10~20 mm），表面抹砂浆或浇筑薄层混凝土，然后用水泥压力灌浆方法进行处理，使之密实。

（四）露筋

质量通病：混凝土内部主筋、副筋或箍筋均裸露在结构构件表面。

防治措施如下：

①浇筑混凝土，应保证钢筋位置和保护层厚度正确，并加强检查，发现偏差应及时纠正。

②钢筋混凝土受弯构件钢筋端头的保护层厚度一般为 10 mm。

③板、墙、壳中分布钢筋的保护层厚度不应小于 10 mm；梁柱中箍筋和构造钢筋的保护层厚度不应小于 15 mm。

（五）缝隙、夹层

质量通病：混凝土内成层存在水平或垂直的松散混凝土或夹杂物，使结构的整体性受到破坏。

防治措施如下：

①认真按施工验收规范要求处理施工缝及后浇缝表面；接缝外的锯屑、木块、泥土、砖块等杂物必须彻底清除干净，并将接缝表面洗净。

②混凝土浇筑高度大于 2 m 时，应设串筒或溜槽下料。

三、砖砌体工程

（一）砂浆强度不稳定

质量通病：砂浆强度的波动性较大、匀质性差，其中，低强度等级的砂浆特别严重，强度低于设计要求。

防治措施如下：

①砂浆配合比的确定应结合现场材质情况进行试配，试配时应采用质量比，在满足砂浆和易性的条件下，控制砂浆强度。如低强度等级砂浆受单方水泥预算用量的限制而不能达到设计要求的强度时，应适当调整水泥预算用量。

②建立施工计量器具校验、维修、保管制度，以保证计量的准确性。

③砂浆搅拌加料顺序为：用砂浆搅拌机搅拌应分两次投料，先加入部分砂子、水和全部型化材料，通过搅拌叶片和砂子搅动，将塑化材料打开（不见疙瘩为止），再投入其余的砂子和全部水泥。用鼓式混凝土搅拌机拌制砂浆，应

配备一台抹灰用麻刀机，先将塑化材料搅成稀粥状，再投入搅拌机内搅拌。人工搅拌应有拌灰池，先在池内放水，并将塑化材料打开到不见疙瘩，另在池边干拌水泥和砂子至颜色均匀时，用铁锹将拌好的水泥砂子均匀撒入池内，同时用三剌铁扒动，直到拌和均匀。

④试块的制作、养护和抗压强度取值，应按《建筑砂浆基本性能试验方法标准》（JGJ/T 70—2009）的规定执行。

（二）砖砌体组砌错误

质量通病：砌体组砌方法混乱，砖柱垛采用包心砌法，出现通缝。

防治措施如下：

①施工时应严格按照砌墙组砌形式：墙体中砖搭接长度不得少于1/4砖长，内外皮砖层最多隔五皮砖就应有一皮丁砖拉结（五顺一丁）。允许使用半砖头，但也应满足1/4砖长的搭接要求，半砖头应提高砌体强度。

②砖柱的组砌方法应根据砖柱断面和实际使用情况统一考虑，但不得采用包心砌法。

③砖柱横、竖向灰缝的砂浆都必须饱满，每砌完一皮砖，都要进行一次竖缝刮浆塞缝工作，以提高砌体强度。

④墙体组砌形式的选用，应根据所砌部位的受力性质和砖的规格尺寸误差而定，一般清水墙面常选用一顺一丁和梅花丁组砌方法。在地震地区为增强齿缝受拉强度，可采用骑马缝组砌方法。由于一般的长度正偏差、宽度负偏差较多，宜采用梅花丁的组砌形式，可使所砌墙面竖缝宽度均匀一致。为了不因砖的规格尺寸误差而经常变动组砌形式，在同一幢号工程中，应尽量使用同一砖厂生产的砖。

3.砖缝砂浆不饱满，砂浆与砖黏结不良

质量通病：砌体水平灰缝砂浆饱满度低于80%；竖缝出现瞎缝，特别是空心砖墙，常出现较多的透明缝；砌筑清水墙采取大缩口铺灰，缩口缝深度甚至达20 mm以上影响砂浆饱满度。砖在砌筑前未浇水湿润，干砖上墙或铺灰长度过长，致使砂浆与砖黏结不良。

防治措施如下：

①改善砂浆和易性是确保灰缝砂浆饱满度和提高黏结强度的关键。

②改进砌筑方法。不宜采取铺浆法或摆砖砌筑,应推广"三一"砌砖法,即使用大铲、一块砖、一铲灰、一挤揉的砌筑方法。

③当采用铺浆法砌筑时,必须控制铺浆的长度,一般情况不得超过750 mm,当施工期间气温超过 30 ℃时,不得超过 500 mm。

④严禁用杆砖砌墙。砌筑前 1~2 d 应将砖浇湿,使砌筑时烧结普通砖和多孔砖的含水率达到 10%~15%;灰砂砖和粉煤灰砖的含水率为 8%~12%。

⑤冬季施工时,在正常温度条件下也应将砖面适当湿润后再砌筑;负温下施工无法浇砖时,应适当增大砂浆的稠度。对于 9 度抗震设防地区,在严冬无法浇砖的情况下,不能进行砌筑。

4.清水墙面游丁走缝

质量通病:大面积的清水墙面常出现丁砖竖缝歪斜、宽窄不一,丁不压中(丁砖在下层顺砖上不居中),清水墙窗台部位与窗间墙部位的上、下竖缝发生错位等,直接影响到清水墙面的美观。

防治措施如下:

①砌筑清水墙,应选取边角整齐、色泽均匀的砖。

②砌清水墙前应进行统一摆底,并对现场砖的尺寸进行实测,以便确定组砌方法和调整竖缝宽度。

③摆底时,应将窗口位置引出,使砖的竖缝尽量与窗口边线相齐,如安排不开,可适当移动窗口位置。当窗口宽度不符合砖的模数时,应将七分头砖留在窗口下部的中央,以保持窗间墙处上、下竖缝不错位。

④游丁走缝主要是由丁砖游动所引起的,因此在砌筑时,必须强调丁压中,即丁砖的中线与下层顺坡的中线重合。

⑤在砌大面积清水墙时,在开始砌的几层砖中,沿墙角 1 m 处,用线坠吊一次竖缝的垂直度,至少保持一步架高度有准确的垂直度。

⑥沿墙面每隔一定间距,在竖缝处弹墨线,墨线用经纬仪或线坠引测。当砌至一定高度后,将墨线向上引伸,以作为控制游丁走缝的基准。

5.墙体留槎形式不符合规定,接槎不严

质量通病:砌筑时不按规范执行,随意留直槎,且多留置阴槎,槎口部位用砖渣填砌,留槎部位接槎砂浆不严、灰缝不顺直,使墙体拉结性能严重削弱。

防治措施如下：

①在安排施工组织计划时，对施工留槎应做统一考虑。外墙大角尽量做到同步砌筑不留槎或步架留槎，二步架改为同步砌筑，以加强墙角的整体性。纵、横交接处，有条件时尽量安排同步砌筑，如外脚手砌纵墙、横墙可以与此同步砌筑，工作面互不干扰。这样可尽量减少留槎部位，有利于房屋的整体性。

②执行抗震设防地区不得留槎的规定，斜槎宜采取18层斜槎砌法，为防止因操作不熟练，使接槎处水平缝不宜，可以加立小皮数杆。清水墙留槎，如遇有门窗口，应将留槎部位砌至转角门窗口边，在门窗口框边立皮数杆，以控制标高。

③非抗震设防地区，当留斜槎确有困难时，应留引出墙面120 mm的直槎，并按规定设拉结筋，使咬槎砖缝便于接砌，以保证接槎质量，增强墙体的整体性。

④应注意接槎的质量。首先应将接槎处清理干净，然后浇水湿润，接槎时，槎面要填实砂浆，并保持灰缝平直。

⑤后砌非承重隔墙，可于墙中引出凸槎，对抗震设防地区还应按规定设置拉结钢筋，非抗震设防地区的120 mm隔墙，也可采取在墙面上留样式槎的做法。接槎时，应在样式槎洞口内先填塞砂浆，顶皮砖的上部灰缝用大铲或瓦刀将砂浆塞严，以稳固隔墙，减少留槎洞口对墙体断面的削弱。

⑥外清水墙施工洞口（竖井架上料口）留槎部位，应加以保护和遮盖，防止运料小车碰撞槎子和洒落混凝土、砂浆造成污染。为使填砌施工洞口用砖规格和色泽与墙体保持一致，在施工洞口附近应保存一部分原砌墙用砖，供填砌洞口时使用。

6. 填充墙砌筑不当

质量通病：框架梁底、柱边出现裂缝；外墙裂缝处渗水。

防治措施如下：

①柱边应设置间距不大于500 mm且在砌体内锚固长度不小于1 000 mm的拉结筋。若少放、漏放必须在砌筑前补足。

②填充墙梁下口最后3皮砖应在下部墙砌完3 d后砌筑，并由中间开始向两边斜砌。

③如为空心砖外墙，里口用半砖斜砌墙，外口先立斗模，再浇筑不低于C10细石混凝土，终凝拆模后将多余的混凝土凿去。

④外窗下为空心砖墙时，若设计无要求，应将窗台改为不低于 C10 的细石混凝土，其长度大于窗边 100 mm，并在细石混凝土内加 2φ 钢筋。

⑤柱与填充墙接触处应设钢丝网片，防止该处粉刷裂缝。

第三节 建筑防水工程常见的质量通病及防治

一、防水基层

1. 找平层未留设分格缝或分格缝间距过大

质量通病：找平层未留设分格缝或分格缝间距过大，容易因结构变形、温度变形、材料收缩变形引起找平层开裂。

防治措施：找平层应设分格缝，以使变形集中到分格缝处，减少找平层大面积开裂的可能。留设的分格缝应符合规范和设计的要求。分格缝的位置应留设在屋面板端缝处，其纵、横的最大间距：水泥砂浆或细石混凝土找平层，不宜大于 6 m；沥青砂浆找平层，不宜大于 4 m；缝宽 20 mm，并嵌填密封材料。

2. 找平层厚度不足

质量通病：水泥砂浆找平层厚度不足，施工时水分易被基层吸干，影响找平层强度，容易引起表面收缩开裂。如在松散保温层上铺设找平层时，厚度不足难以起支承作用，在行走、踩踏时易使找平层劈裂、塌陷。

防治措施如下：

①根据找平层的不同类别及基层的种类，确定找平层的厚度，找平层的厚度和技术要求应符合相关规定。

②施工时应先做好控制找平层厚度的标记。在基层上隔一定距离做一个灰饼，以此控制找平层的厚度。

3. 找平层起砂、起皮

质量通病：找平面层施工后，屋面表面出现不同颜色和分布不均的砂粒，用手搓，砂子就会分层浮起；用手击拍，表面水泥胶浆会成片脱落或有起皮、起鼓现象；用木槌敲击时还会听到空鼓的哑声；找平层起砂、起皮是两种不同的现象，但有时会在一个工程中同时出现。

防治措施如下：

①水泥砂浆找平层宜采用 1 : 2.25~1 : 3.00（水泥：砂）体积配合比，水泥强度等级不低于 32.5 级；不得使用过期和受潮结块的水泥，砂子含水量不应大于 5%。当采用细砂集料时，水泥砂浆配合比宜改为 1 : 2（水泥：砂）。

②水泥砂浆摊铺前，屋面基层应清扫干净，并充分湿润，但不得有积水现象。摊铺时，应用水泥净浆薄薄涂刷一层，确保水泥砂浆与基层黏结良好。

③水泥砂浆宜用机械搅拌，并要严格控制水胶比（一般为 0.60~0.65），砂浆稠度为 70~80 mm，搅拌时间不得少于 1.5 min。搅拌后的水泥砂浆宜达到"手捏成团、落地开花"的操作要求，并应做到随拌随用。

④做好水泥砂浆的摊铺和压实工作。推荐采用木靠尺刮平，用木抹子初压，并在初凝收水前再用铁抹子二次压实和收光的操作工艺。

⑤屋面找平层施工后应及时覆盖浇水养护（宜用薄膜塑料布或草袋），使其表面保持湿润，养护时间宜为 7~10 d；也可使用喷养护剂、涂刷冷底子油等方法进行养护，保证砂浆中的水泥能充分水化。

⑥对于面积不大的轻度起砂，在清扫表面浮砂后，可用水泥净浆进行修补；对于大面积起砂的屋面，则应将水泥砂浆找平层凿至一定深度，再用 1 : 2（体积比）水泥砂浆进行修补，修补厚度不宜小于 15 mm，修补范围宜适当扩大。

⑦对于局部起皮或起鼓部分，在挖开后可用 1 : 2（体积比）水泥砂浆进行修补。修补时应做好与基层及新旧部位的接缝处理。

⑧对于成片或大面积的起皮或起鼓屋面，应铲除后返工重做。为保证返修后的工程质量，此时可采用"滚压法"抹压工艺。采用"滚压法"抹压工艺，必须使用半干硬性的水泥砂浆，且在滚压后适时进行养护。

4. 找平层空鼓、开裂

质量通病：部分空鼓，有规则或不规则裂缝。

防治措施如下：

①结构层质量检查合格后，刮除表面灰疙瘩，扫刷冲洗干净，用 1 : 3 水泥砂浆刮补凹洼与空隙，抹平、压实并湿养护，湿铺保温层必须留设宽 40~60 mm 的排气槽，排气道纵、横间距不大于 6 m，在十字交叉口上须预埋

排气孔，在保温层上用厚 20 mm、比例为 1 ： 2.5 的水泥砂浆找平，随捣随抹，抹平压实，并在排气道上用 200 mm 宽的卷材条通长覆盖，单边粘贴。

②在预设排气槽或分格缝的保温层和找平层基面上，出现较多的空鼓和裂缝时，宜按要求弹线切槽，凿除空鼓部分进行修补和完善。

二、卷材防水工程

1. 卷材起鼓

质量通病：热熔法铺贴卷材时，因操作不当造成卷材起鼓。

防治措施如下：

①高聚物改性沥青防水卷材施工时，火焰加热要均匀、充分、适度。在操作时，首先持枪人不能让火焰停留在一个地方的时间过长，而应沿着卷材宽度方向缓缓移动，使卷材横向受热均匀。其次，要求加热充分，温度适中。最后，要掌握加热程度，以热熔后沥青胶出现黑色光泽（此时沥青温度为 200~230 ℃）、发亮并有微泡现象为宜。

②趁热推滚，排尽空气。卷材被热熔粘贴后，要在卷材尚比较柔软时，就及时进行滚压。滚压时间可根据施工环境、气候条件调节掌握。气温高冷却慢，滚压时间宜稍紧密接触，排尽空气，而在铺压时用力又不宜过大，确保黏结牢固。

2. 转角、立面和卷材接缝处黏结不牢

质量通病：卷材铺贴后易在屋面转角、立面处出现脱空。而在卷材的搭接缝处，还常发生黏结不牢、张口、开缝等缺陷。

防治措施如下：

①基层必须做到平整、坚实、干净、干燥。

②涂刷基层处理剂，并要求做到均匀一致，无空白漏刷现象，但切勿反复涂刷。

③屋面转角处应按规定增加卷材附加层，并注意与原设计的卷材防水层相互搭接牢固，以适应不同方向的结构和温度变形。

④对于立面铺贴的卷材，应将卷材的收头固定于立墙的凹槽内，并用密封材料嵌填封严。

⑤卷材与卷材之间的搭接缝口，也应用密封材料封严，宽度不应小于10 mm。密封材料应在缝口抹平，使其形成明显的沥青条带。

三、涂膜防水工程

1.涂膜防水层空鼓

质量通病：防水涂膜空鼓，鼓泡随气温的升降而膨大或缩小，使防水涂膜被不断拉伸，变薄并加快老化。

防治措施如下：基层必须干燥，清理干净，先涂刷基层处理剂，干燥后涂刷首道防水涂料，等干燥后，经检查无气泡、空鼓后方可涂刷下道涂料。

2.涂膜防水层裂缝、脱皮、流淌、鼓包

质量通病：沿屋面预制板端头的规则裂缝，也有不规则裂缝或龟裂翘皮，导致渗漏。

防治措施如下：

①基层要按规定留设分格缝，嵌填柔性密封材料并在分格缝、排气槽皿上涂刷宽300 mm的加强层，严格涂料施工工艺，每道工序检查合格后方可进行下道工序的施工，防水涂料必须经抽样测试合格后方可使用。

②涂料应分层、分遍进行施工，并按事先试验的材料用量与间隔时间进行涂布。若夏天气温在30 ℃以上，应尽量避开炎热的中午施工。

③涂料施工前应将基层表面清扫干净；沥青基涂料中如有沉淀物（沥青颗粒），可用32目钢丝网过滤。

④在涂膜由于受基层影响而出现裂缝后，沿裂缝切割20 mm×20 mm的槽，扫刷干净，嵌填柔性密封膏，再用涂料进行加宽涂刷加强，和原防水涂膜黏结牢固。涂膜自身出现龟裂现象时，应清除剥落、空鼓的部分，再用涂料修补，对龟裂的地方可采用涂料进行嵌涂两度。

第四节 建筑地面工程常见的质量通病及防治

一、水泥地面

1.地面面层起砂、裂缝

质量通病：水泥砂浆面层出现温度收缩、干缩、地面下沉等各类型裂缝，从而导致面层强度降低，影响整体性、使用功能和外观质量。

防治措施如下：

①严格控制水胶比，用水泥砂浆做面层时，稠度不应大于 35 mm，如果用混凝土做面层，其坍落度不应大于 30 mm。

②大面积地面面层铺设应分段、分块进行，并根据开间大小，设置适当纵、横向收缩缝，以消除杂乱的施工缝和温度裂缝。

③水泥地面的压光一般为三遍：第一遍应随铺随拍实、抹平；第二遍压光应在水泥初凝后进行（以人踩上去有脚印但不下陷为宜）；第三遍压光要在水泥终凝前完成（以人踩上去脚印不明显为宜）。

④面层压光 24 h 后，可用湿锯末或草帘子覆盖，每天应洒水两次，养护时间不少于 7 d。

⑤面层使用水泥应选用 42.5 级以上、没有过期或受潮结块的普通硅酸盐或硅酸盐水泥；砂应采用中、粗砂，含泥量不大于 3%，砂浆配制应严格计量，搅拌均匀，控制稠度不小于 35 mm，以确保达到要求的强度和密实性。

⑥小面积起砂且不严重时，可用磨石子机或手工将起砂部分水磨，磨至露出坚硬表面；也可把松散的水泥灰和砂子冲洗干净，铺刮纯水泥浆 1~2 mm，然后分三遍压光。

2.地面空鼓

质量通病：地面空鼓多发生于面层和垫层之间或垫层与基层之间，用小锤敲声。使用一段时间后，容易开裂。严重时大片剥落，破坏地面使用能力。

防治措施如下：

①为了增加面层与基层之间的黏结力，需涂刷水泥浆结合层。

②严格处理基层：

a.认真清理表面的浮灰、浆膜以及其他污物，并冲洗干净，如基层表面过于光滑，应凿毛，门口处砖层过高时应予剔除。

b.控制基层平整度，用 2 m 直尺检查，其凹凸度不应大于 10 mm，以保证面层厚度均匀一致，防止厚薄悬殊，造成凝结硬化时收缩不均而产生裂缝和空鼓。

c.面层施工前的 1~2 d，应对基层认真浇水湿润，使基层具有清洁、湿润、粗糙的表面。

③注意结合层的施工质量：

a.素水泥浆结合层在调浆后应均匀涂刷，严禁先洒干水泥后洒水扫浆的方法。

b.在水泥炉渣或水泥石灰炉渣垫层上涂刷结合层，宜加砂子，其配合比可为水泥：砂子 =1 ： 1（体积比），刷浆前，应将表面松动的颗粒扫除干净。

c.刷素水泥浆结合层应与铺设面层紧密配合，做到随刷随铺，水泥浆已风干硬结，则应铲除后重新涂刷。

④保证垫层的施工质量：混凝土及其他材料垫层应用平板振捣器振实或人工夯实，高低不平处，应用水泥砂浆或细石混凝土找平。

⑤冬季施工，如采用火炉采暖养护时，炉子下面要架高，上面要吊铁板避免局部温度过高而使砂浆或混凝土失水过快，造成空鼓。

⑥对于房间的边、角处以及空鼓面积不大于 0.1 m² 且无裂缝者，一般可不做修补。

⑦对人员活动频繁的部位，如房间的门口、中部等处以及空鼓面积大于 0.1 m² 但裂缝显著者，应进行返修。

⑧局部翻修应将空鼓部分凿去，四周宜凿成方块形或圆形，并凿进结合良好处 30~50 mm，边缘应凿成斜坡形。底层表面应适当凿毛。凿好后，将修补周围 100 mm 范围内清理干净。修补前 1~2 d，用清水冲洗，使其充分湿润。修补时，先在底面及四周刷水胶比为 0.4~0.5 的素水泥浆一遍，然后用面层相同材料的拌合物填补。如原有面层较厚，修补时应分次进行，每次厚度不宜大

于20 mm。终凝后,应立即用湿砂或湿草袋等覆盖养护,严防早期产生收缩裂缝。

⑨大面积空鼓,应将整个面层凿去并将底面凿毛,重新铺设新面层。有关清理、冲洗、刷浆、铺设和养护等操作要求同上。

3. 预制楼地面顺板缝

质量通病:预制楼板地面出现有规律的顺板拼缝方向通长裂缝,一般是上下贯通,板下抹灰层也出现裂缝。

防治措施如下:

①楼板安装时,板底缝宽不应小于20 mm。边做浆边安装,使板搁置平实。

②楼板灌缝应在上一层楼板安装完成后或主体基本完成后进行。认真清扫板缝,在板底吊模板,充分浇水湿润板缝,略干后刷水胶比为0.4~0.5的素水泥浆,随后浇不低于C20细石混凝土,捣固密实。隔24 h浇水养护,同时检查板底,不漏水者为合格。

③板缝中敷设电线管时,宜将板底缝放至40 mm宽,先浇筑70~80 mm厚细石混凝土,捣实后再敷设管子,使管子被包裹于嵌缝混凝土之中。

④灌缝混凝土选用普通硅酸盐水泥,它具有早期强度高、硬化过程干缩值小的优点;也可选用膨胀水泥灌缝。

⑤灌缝后,一般应等混凝土强度达到C15方可上料施工。必要时可采取铺设模板、搭跳板推车运料或在楼板下加临时支撑等措施。

⑥改进预制楼板侧边构造,如采用凹槽式能大大提高传力效果。

⑦在楼板搁置处和室内与走廊邻接的门口处镶嵌玻璃分格条,如产生裂缝会使分格条有规则出现,不影响外观。

⑧在楼板搁置处板面上增设能承受负弯矩的钢筋网片。

⑨楼面施工宜在主体完工后进行,可减少由于支座沉降差引起的裂缝。

⑩如果裂缝较宽或数量较多,对于顺板缝方向的裂缝可按以下办法处理:

a. 凿去原有灌缝混凝土,可先用混凝土切割机沿板缝方向切割,然后剔除混凝土。将预制楼板侧面适当凿毛,并把面层和找平层凿进板边30~50 mm。

b. 修补前一天,用水冲洗干净并充分湿润。

c. 在板缝内刷素水泥浆一遍,随即浇捣C20细石混凝土,第一次浇捣至板缝深度的一半,稍后第二次浇捣至离板面10 mm处。

d. 浇水养护几天后，用与面层相同材料的拌合物修补面层，注意把与原面层接合处赶压密实。

e. 如房间内裂缝严重，将面层凿毛，也可将面层全部凿掉，在整个房间增设一层钢筋网片，浇 30 mm 厚 C20 细石混凝土，随捣随抹。

二、板块地面

1. 砖面层工程

（1）砖面层铺贴不平整，对缝不齐，颜色差别大。

质量通病：由于黏结层的下一层的不平整没有进行处理或者是铺贴砖面层时面层标高未予控制，没有用直尺靠平砖面或不同产地、不同厂生产的砖混合使用，在规格、尺寸、颜色等方面有较大差异等，从而导致砖块间不平整、不对缝，颜色差别大，砖面层外观质量达不到设计要求。

防治措施如下：

①砖面层铺设前应对，基层进行整平，控制好标高，力求平整。当水泥类基层的平整度不符合要求时，应先用乳液腻子分遍涂刷处理直至填平。铺设时可用碎砖片做灰饼控制标高，用直尺靠平。

②不同厂生产的砖不能混用，砖在使用前应检查其尺寸、色泽、平整度，如发现不一致应摸清分档，分开使用，以确保规格、颜色一致。

③运输、储存中应防止被有色水污染，使用前应用洁净水浸润。

（2）地砖地面爆裂拱起。

质量通病：地砖地面由夏季进入秋、冬季节时，易在夜间发生地面地砖爆裂并有拱起现象，这种情况大多发生在春、夏季节气温较高时铺设的地面。

防治措施如下：

①铺设地砖的水泥砂浆配合比宜为 1 ∶ 2.5~1 ∶ 3.5，水泥掺量不宜过大。砂浆中适量掺加白灰。

②地砖铺设时不宜拼缝过紧，宜留缝 l~2 mm，擦缝不宜用纯水泥浆，水泥砂浆中宜掺适量的白灰。

③地砖铺设时，四周与砖墙间宜留 2~3 mm 空隙。

2. 大理石面层和花岗石面层

大理石、花岗石面层铺设后颜色、花纹、图案和纹理零乱。

质量通病：大理石有天然的花纹，可以拼成美丽的图案或者按照纹理进行拼排形成美丽的花纹，施工时如果随便拼合就会显得凌乱，无法达到整体的艺术效果，成为装饰中的永久性缺陷。

防治措施如下：

①大理石和花岗石板块材料的质量要求应符合现行国家标准《天然大理石建筑板材》（GB/T 19766—2005）和《天然花岗石建筑板材》（GB/T 18601—2009）的规定。

②铺设前板材应按设计要求，根据石材的颜色、花纹、图案、纹理等试拼编号；当板材有裂缝、掉角、翘曲和表面缺陷时应予以剔除；品种不同的板材不得混杂使用。

3. 预制板块面层工程

预制水磨石板块面层出现缺棱、掉角。

质量通病：预制水磨石板块面层出现棱角不齐，经修补颜色不一致，毛槎太多，影响外观质量。

防治措施如下：搬运和存放时，应用软包装，防止硬砸、硬碰；使用时应注意挑选，有缺棱、掉角、裂缝、翘曲等缺陷的板块应剔除，并应事先试摆实样，挑选颜色一致、损坏较少的板块，并注意加强保护。

4. 料石面层工程

料石面层出现松动、下陷。

质量通病：料石地面使用后局部产生松动、不均匀下陷现象，降低了面层的受力功能和耐久性，同时也影响美观。

防治措施如下：

①料石面层铺设前，应将表面基土或被扰动土夯实或压实两遍使其密实、平整；对局部软弱土应挖出，用好土或灰土分层回填夯实，每层夯实的压实系数应符合设计要求，但不应小于0.9。回填前宜取土样用击实试验确定最优含水量与相应的最大干密度，以此进行质量控制。

②料石面层铺设应错缝组砌，缝隙宽窄均匀；块石面层应用碎石嵌缝碾压

密实；用砂或水泥砂浆做结合层的料石面层应待碾压夯实密实或经养护后方可上人，以防止造成松动和下陷。

三、木质地面

1. 踩踏时有响声

质量通病：人行走时，地板发出响声。轻度的响声只在较安静的情况下才能发现，施工中往往被忽略。

防治措施如下：

①采用预埋钢丝法锚固木格栅栏，施工时要注意保护钢丝，不要将钢丝弄断。

②木格栅栏及毛地板必须用干燥料。木格栅栏、毛地板的含水率应符合现行国家标准《木结构工程施工质量验收规范》（GB 50206—2012）的有关规定。材料进场后最好入库保存，如码放在室外，底部应架空并铺一层油毡，上面再用布加以覆盖，避免日晒雨淋。

③木格栅格栏应在室内环境比较干燥的情况下铺设。室内湿作业完成后，应将地面清理干净。保温隔声材料，如焦渣、泡沫混凝土块等要晾干或烘干。

④格栅栏铺钉完，要认真检查有无响声，不符合要求不得进行下道工序。

2. 地板缝不严

质量通病：木地板面层板缝不严，板缝宽度大于 0.3 mm。

防治措施如下：

①地板条拼装前，须经过严格挑选，对于有腐朽、痔疤、劈裂、翘曲等疵病者应剔除宽窄不一、起口不合要求的，修理再用。

②慎用硬杂木材做长条木地板的面层板条。

3. 表面不平整

质量通病：走廊与房间、相邻房间或两种不同材料的地面相交处高低不平，以及整个房间不水平等。

防治措施如下：

①木格栅栏铺设后，应经隐蔽验收，合格后方可铺设毛地板或面层。粘贴

拼花地板的基层平整度应符合要求。

②施工前校正一下水平线，有误差要先调整。

③相邻房间的地面标高应以先施工的为准。人工修边要尽量找平。

4.地板起鼓

质量通病：地板局部隆起，轻则影响美观，重则影响使用。

防治措施如下：

①木地板施工必须合理安排工序，门厅或带阳台房间的木地板，门口要采取措施，以免雨水倒流。

②地板面层留通气孔，每间不少于两处，踢脚板上通气孔每边不少于两处。

③室内上水或暖气片试水，应在木地板刷油或烫蜡后进行。试水时要有专人看管，采用有效措施，使木地板免遭浸泡。

5.木踢脚板安装缺陷

质量通病：木踢脚板表面不平，与地面不垂直，接槎高低不平、不严密。

防治措施如下：

①钉木踢脚板前先在木砖上钉垫木，垫木要平整，并拉通线找平，然后再钉踢脚板。

②为防止木踢脚板翘曲，应在其靠墙的一面设两道变形槽，槽深3~5 mm，宽度不少于 10 mm。

③踢脚板应在木地板面层刨平、磨光后再安装。

6.搁栅、地板条腐烂

质量通病：木地板使用年限不长，地板条就因腐烂而损坏，特别是四周墙角处。如撬开观察，地板条背面往往有凝结水和白色的霉菇物。此种现象大多发生在空铺木地板工程中。

防治措施如下：

①空铺木地板下的地面填土应予以夯实，达到平整、干燥。铺钉面层地板条时，板下杂物应清理干净。

②四周墙上应留有通风洞。通风洞应设有格栅，防止老鼠等小动物钻入其内。

③木格栅栏和木地板的背面，铺钉前应做防腐处理。

④室外地面应做好散水或明沟，进行有组织排水，墙脚处应做好防潮层处理，避免室外雨水、潮气、湿气渗透到板下空间中去。

第五节　保温隔热工程常见的质量通病及防治

一、屋面保温层

1.保温层厚薄不匀

质量通病：目测表面严重不平。用钢钉插入测厚度，厚处超过设计厚度的10%，薄处小于设计厚度的95%。

防治措施如下：

①无论是坡屋面还是平屋面，松散材料保温层均需分层铺设。

②分隔铺设。为此，可采用经防腐处理的木龙骨或保温材料做的预制条块作为分隔条。

③做砂浆找平层时，宜在松散材料上放置 10 mm 网目的钢丝筛，然后在其上面均匀地摊铺砂并刮平，最后取出钢丝筛抹平压光，以保证保温层厚度均匀。

2.保温层起鼓、开裂

质量通病：保温层乃至找平层出现起鼓、开裂。

防治措施如下：

①为确保屋面保温效果，应优先采用质轻、导热系数小且含水率较低的保温材料，如聚苯乙烯泡沫塑料板、现喷硬质发泡聚氨酯保温层。严禁采用现浇水泥膨胀蛭石及水泥膨胀珍珠岩材料。

②控制原材料含水率。封闭式保温层的含水率应相当于该材料在当地自然风干状态下的平衡含水率。

③倒置式屋面采用吸水率小于 6%、长期浸水不腐烂的保温材料。此时，保温层上应用混凝土等块材、水泥砂浆或卵石保护层与保温之间，应铺上一层无纺聚酯纤维面做隔离层。

④保温层施工完成后，应及时进行找平层和防水层的施工。雨期施工时保温层应采取遮盖措施。

⑤从材料堆放、运输、施工以及成品保护等环节都应采取保护措施，防止受潮和雨淋。

⑥屋面保温层干燥有困难时，应采用排汽措施。排汽孔应纵、横贯通，并应与大气连通的排汽孔相通，排汽孔宜每 25 mm 设置一个，并做好防水处理。

⑦为减少保温屋面的起鼓和开裂，找平层宜选用细石混凝土或配筋细石混凝土材料。

⑧保温层内积水的排除可在保温层上或在防水层完工后进行。其具体做法是：先在屋面上凿一个孔洞将水吸入真空吸水机内。然后，在孔洞的周围，用半干硬性水泥砂浆和素水泥封严，不得有漏水现象。封闭好后即可开机。待 2~3 min 后就连续地出水，每个吸水点连续作业 45 min 左右，即可将保温层内达到饱和状态的积水抽尽。

⑨保温层干燥程度测试法。用冲击钻在保温层最厚的地方钻 1 个加 6 mm 以上的圆孔，孔深至保温层 2/3 处，用一块大于圆孔的白色塑料布盖在圆孔上，塑料布四周用胶带等压紧密封，然后取一冰块放置于塑料布上。此时，圆洞内的潮湿气体遇冷，便在塑料布底面结露，2 min 左右取下冰块，观察塑料布底面结露情况；如有明显露珠，说明保温层不干；如果仅有一层不明显的白色小雾，说明保温层基体干燥，可以进行防水层施工。测试时间且选择在 14：00~15：00 时，此时保温层内温度高，相对温差大，测试结果明显、准确。对于大面积屋面，应多测几点，以提高测试的准确性。

3. 架空板铺设不稳、排水不畅

质量通病：架空板铺设不平整、不稳固、排水不通畅。

防治措施如下：

①架空屋面施工时，应先将屋面清扫干净，并应根据架空板的尺寸，弹出支座中线。然后，按照屋面宽度及坡度大小，确定每个支座的高度。这样才能确保架空板安装后，坡度正确，排水畅通。

②非上人屋面的烧结普通砖强度等级不应小于 MU7.5，上人屋面的烧结普通做强度等级不应小于 MUl0；砖砌支座施工时宜采用水泥砂浆砌筑，其强度等级应为 MU5。

③混凝土架空隔热板的强度等级不应小于C20，且在板内宜放置钢线网片；在施工中严禁有断裂和露筋等缺陷。

④架空隔热板铺设后应做到平整、稳固，板与板之间宜用水泥砂浆或水泥混合砂浆勾缝嵌实，并按设计要求留置变形缝。架空隔热板安装后相邻高低不应大于3 mm，可用直尺和楔形塞尺检查。

二、屋面隔热

质量通病：屋面架空隔热层施工完后，发现风道内有砂浆、混凝土块或砖块等杂物，阻碍了风道内空气顺利流动，降低了隔热效果。

防治措施如下：

①砌砖支腿时，操作人员应随手将砖墙上挤出的舌头灰刮去，并用扫帚将砖面清扫干净。

②砖支腿砌完后，在盖隔热板时，应先将风道内的杂物清扫干净。

③如风道砌好后长期不进行铺盖隔热板，则应将风道临时覆盖，避免杂物落入风道内。

④风道内落入杂物不太严重时，可用杆子插入风道内清理。

⑤如风道内已严重堵塞，则需把隔热板掀起，将杂物由上面掏出，进行处理后立即将隔热板重新盖好。

三、外墙保温

1.保温墙开裂

质量通病：外保温墙体的裂缝主要发生在板缝、窗口周围、窗角、女儿墙部分、保温板与非保温墙体的结合部。根据裂缝的形状又可分为表面网状裂缝，较长的纵向、横向或斜向裂缝，局部鼓胀裂缝等。

防治措施如下：

①必须采用专用的抗裂砂浆并辅以合理的增强网，在砂浆中加入适量的聚合物和纤维对控制裂缝的产生是有效的。

②选用抗裂强力高、耐碱强力保留率高、断裂应变小的玻纤网格，提高网

格布的使用年限，从而有效地减少裂缝的发生。

2. 内墙表面长霉、结露

质量通病：长霉、结露现象往往发生在墙角、门窗口和阴面墙、山墙下部以及墙表面湿度过大的部位。保温构造设计不合理的墙体，也会在墙体内部出现长霉、结露现象。严重的长霉、结露会对室内环境造成破坏，甚至危及居住者健康。

防治措施如下：

①阻断热桥，改善室内湿度死角，保持良好的通风条件，如尽量采用外墙外保温；采用苯板条完成对线条的表现处理等。

②采用内保温时窗应该靠近墙体的内侧，外保温则应靠近墙体的外侧。尽量使保温层与窗连接成，以减少保温层与窗体间的保温断点，避免窗洞周边的热桥效应。窗设计中还应考虑窗根部上口的滴水处理和窗下口窗根部的防水设计处理，防止水从保温层与窗根部的连接部位进入保温系统的内部。

3. 外墙空鼓、脱落

质量通病：在保温层与其他材料的材质变换处，因为保温层与其他材料的材质的密度相差过大，这就决定了材质间的弹性模量和线性膨胀系数也不尽相同，在温度应力作用下的变形也不同，极容易在这些部位产生面层的抹灰裂缝。

防治措施如下：

①在保护保温层的前提下，使外保温系统形成一个整体，转移面砖饰面层负荷作用体，改善面砖粘贴基层的强度，达到标准规定要求。

②考虑外保温材料的压折比、黏结强度、耐候稳定性等指标及整个外保温系统材料变形量的匹配性，以释放和消除热应力或其他应力。

③考虑外保温材料的抗渗性及保温系统的呼吸性和透气性，避免冻融破坏而导致面砖脱落。

④提高外保温系统的防火等级，以避免火灾等意外事故出现后产生空腔，外保温系统丧失整体性在面砖饰面的自重力的影响下大面积坍落。

⑤提高外保温系统的抗震和抗风压能力，以避免偶发事故出现后的水平方向作用力对外保温系统造成巨大破坏。

第六章　安全管理基础知识

第一节　安全管理概述

一、安全生产与安全管理

1. 安全生产

安全，即没有危险，不出事故，是指人的身体健康不受伤害，财产不受损伤并保持完整无损的状态。安全可分为人身安全和财产安全两种情形。

安全生产是指在社会生产活动中，通过人、机、物料、环境的和谐运作，使生产过程中潜在的各种事故风险和伤害因素始终处于有效控制状态，切实保护劳动者的生命安全和身体健康。

2. 安全生产管理

安全生产管理是管理的重要组成部分，是安全科学的一个分支。具体来说，就是针对人们在生产过程中的安全问题，运用有效的资源，发挥人们的智慧，通过人们的努力，进行有关决策、计划、组织和控制等活动，实现生产过程中人与机器设备、物料、环境的和谐，达到安全生产的目标。

安全生产管理的目标是减少和控制危害，减少和控制事故，尽量避免生产过程中由于事故所造成的人身伤害、财产损失、环境污染以及其他损失。安全生产管理包括安全生产法制管理、行政管理、监督检查、工艺技术管理、设备设施管理、作业环境和条件管理等方面。

安全生产管理的基本对象是企业的员工，涉及企业中的所有人员、设备设施、物料、环境、财务、信息等各个方面。安全生产管理的内容包括安全生产管理机构和安全生产管理人员、安全生产责任制、安全生产管理规章制度、安全生产策划、安全培训教育、安全生产档案等。

二、安全生产管理基本方针

安全生产管理的基本方针是"安全第一，预防为主，综合治理"，其具体含义如下：

1.安全第一

"安全第一"的内涵就是要把安全生产工作放在第一位，无论在干什么、什么时候都要抓安全，任何事情都要为安全让路。各级行政正职是安全生产的第一责任人，必须亲自抓安全生产工作，确保把安全生产工作排在所有工作的前面。要正确处理好安全生产与效益的关系，当两者发生矛盾时，要坚持"安全第一"的原则。

2.预防为主

"预防为主"的内涵要求安全工作要做好事前预防，依靠安全技术手段，加强安全科学管理，提高员工素质。从本质安全入手，加强危险源管理，有效治理隐患，强化事故预防措施，使事故得到预先防范和控制，保证生产安全化。

3.综合治理

把"综合治理"贯穿到安全生产方针之中，反映了近年来我国在进一步改革开放的过程中，安全生产工作面临着多种经济所有制并存、法制尚不健全完善、体制机制尚未理顺，以及急功近利地只顾快速不顾其他的发展观与科学发展观体现的又好又快的安全、环境、质量等要求的复杂局面，也反映了近年来安全生产工作的规律特点。因此，要全面理解"安全第一、预防为主、综合治理"的安全生产方针，绝不能脱离当前我国面临的国情。

三、安全生产管理中的不安全因素

1.人的不安全因素

人的不安全因素是指对安全产生影响的人方面的因素，即能够使系统发生故障或发生性能不良事件的人员、个人的不安全因素以及违背设计和安全要求的错误行为。人的不安全因素可分为个人的不安全因素和人的不安全行为两个大类。

（1）个人的不安全因素。个人的不安全因素是指人员的心理、生理、能力中所具有的不能适应工作或作业岗位要求的影响安全的因素。个人的不安全因素主要包括以下几种：

①心理上的不安全因素，是指人在心理上具有影响安全的性格、气质和情绪，如急躁、懒散、粗心等。

②生理上的不安全因素，包括视觉、听觉等感觉器官，体能、年龄、疾病等不适合工作或作业岗位要求的影响因素。

③能力上的不安全因素，包括知识技能、应变能力、资格等不能适应工作或作业岗位要求的影响因素。

（2）人的不安全行为。人的不安全行为是指造成事故的人为错误，是人为地使系统发生故障或发生性能不良事件，是违背设计和操作规程的错误行为。

在施工现场，不安全行为按照《企业职工伤亡事故分类标准》（GB6441—1986）可分为以下几类：

①操作失误，忽视安全，忽视警告；

②造成安全装置失效；

③使用不安全设备；

④手工代替工具操作；

⑤物体存放不当；

⑥冒险进入危险场所；

⑦攀坐不安全位置；

⑧在起吊物下作业、停留；

⑨在机器运转时进行检查、维修、保养等工作；

⑩有分散注意力的行为；

⑪没有正确使用个人防护用品、用具；

⑫不安全装束；

⑬对易燃易爆等危险物品处理错误。

不安全行为产生的主要原因有系统、组织的原因，思想、责任心的原因，工作的原因。诸多事故分析表明，绝大多数事故不是因技术解决不了所造成，而是违规、违章所致，是由于安全上降低标准、减少投入，安全组织措施不落实，不建立安全生产责任制，缺乏安全技术措施，没有安全教育、安全检查制度，不做安全技术交底，违章指挥、违章作业、违反劳动纪律等人为因素造成的，因此必须重视和防止产生人的不安全行为。

2.施工现场物的不安全状态

物的不安全状态是指能导致事故发生的物质条件，包括机械设备等物质或环境所存在的不安全因素。

（1）物的不安全状态的内容。

①物（包括机器、设备、工具等）本身存在的缺陷；

②防护保险方面的缺陷；

③物的放置方法的缺陷；

④作业环境场所的缺陷；

⑤外部的和自然界的不安全状态；

⑥作业方法导致的物的不安全状态；

⑦保护器具信号、标志和个体防护用品的缺陷。

（2）物的不安全状态的类型。

①防护等装置缺乏或有缺陷；

②设备、设施、工具、附件等有缺陷；

③个人防护用品、用具缺少或有缺陷；

④施工生产场地环境不良。

3.管理上的不安全因素

管理上的不安全因素，通常也称为管理上的缺陷，是事故潜在的不安全因素，作为间接原因有以下几个方面：

①技术上的缺陷；

②教育上的缺陷；

③生理上的缺陷；

④心理上的缺陷；

⑤管理工作上的缺陷；

⑥教育和社会、历史上的原因造成的缺陷。

四、安全管理的特点

①产品的固定性与作业环境的局限性使安全管理的难度增加。建筑产品的固定性决定了施工作业必须围绕建筑产品在有限的场地和空间上集中大量的人力、材料、机具、设备等进行多工种的交叉作业。这种作业环境的局限性容易发生伤亡事故。

②建筑施工作业条件恶劣导致安全管理的艰巨性。建筑工程施工大多数是在露天空旷的场地上完成的，受自然环境、气候条件（如风、霜、雨、雪、雷电、高温、酷暑等）的影响较大，这些都导致作业条件的艰巨性，容易发生伤亡事故。

③建筑施工的高空作业致使安全管理的难度加大。建筑产品的体积庞大，施工操作大多在十几米、几十米甚至几百米的高空作业，因而容易发生从高处坠落、受物体打击等伤亡事故。

④施工作业的流动性导致安全管理的复杂性。由于建筑产品的固定性，当某一产品完成后，施工单位就必须转移到新的施工地点，从而造成施工人员流动性大。不同的作业环境、不同的作业队伍，具有不同的安全生产管理的特点，安全管理很难形成一套行之有效、相对固定的管理模式，导致施工安全管理的复杂性。

⑤手工操作多、体力消耗大、劳动强度大导致安全管理中个体劳动保护的艰巨性。在恶劣的作业环境下，施工工人的手工操作多，体能耗费大，劳动时间和劳动强度都比其他行业要大，其职业危害严重，导致个体劳动保护的艰巨性。

⑥建筑产品的多样性和单件性、施工工艺的多变性导致安全管理的复杂性。建筑产品具有多样性和单件性以及施工生产工艺复杂多变的特点，如不能按同一施工图、统一的施工工艺、同一生产设备进行批量重复生产；施工生产组织机构变动频繁，生产经营的"一次性"特征突出；同时，随着工程建设进度的变化，施工现场的不安全因素也在随时发生变化，这就要求施工单位必须针对工程进度和施工现场实际情况，不断采取相应的安全技术措施和安全管理措施予以保证。

⑦多工种立体交叉作业导致安全管理的复杂性。近年来，建筑物由低向高发展，劳动密集型的施工作业只能在极其有限的空间内展开，致使施工作业的空间要求与施工条件供给的矛盾日益突出，这种多工种的立体交叉作业导致机械伤害、物体打击等事故增多。

五、安全管理的范围与原则

（一）施工现场安全管理的范

安全管理的中心问题是保护生产活动中人的健康与安全以及财产不受损伤，保证生产顺利进行。

概括地讲，宏观的安全管理包括劳动保护、施工安全技术和职业健康安全，它们是既相互联系又相互独立的三个方面。劳动保护偏重于以法律、法规、规程、条例、制度等形式规范管理或操作行为，从而使劳动者的劳动安全与身体健康得到应有的法律保障。施工安全技术侧重于对劳动手段与劳动对象的管理，包括预防伤亡事故的工程技术和安全技术规范、规程、技术规定、标准条例等，以规范物的状态，减轻对人或物的威胁。职业健康安全着重于施工生产中粉尘、振动、噪声、毒物的管理，通过防护、医疗、保健等措施，防止劳动者的安全与健康受到有害因素的危害。

（二）安全管理的原则

1.管生产同时管安全

安全寓于生产之中，并对生产发挥促进与保证作用。虽然安全与生产有时会出现矛盾，但从安全、生产管理的目标和目的来看，二者又表现出高度的一致性和完全的统一性。

安全管理是生产管理的重要组成部分，安全与生产在实施过程中，存在着密切的联系，有着进行共同管理的基础。

国务院在《关于加强企业生产中安全工作的几项规定》中明确指出："各级领导人员在管理生产的同时，必须负责管理安全工作"，"企业中各有关专职机构，都应该在各自业务范围内，对实现安全生产的要求负责"。

管生产同时管安全，不仅是对各级领导人员明确安全管理责任，同时也向一切与生产有关的机构、人员明确了业务范围内的安全管理责任。由此可见，一切与生产有关的机构、人员，都必须参与安全管理并在管理中承担责任。那种认为安全管理只是安全部门的事，是一种片面的、错误的认识。

各级人员安全生产责任制度的建立、管理责任的落实，体现了管生产同时管安全。

2.坚持安全管理的目的性

安全管理的内容是对生产中的人、物、环境因素状态的管理，有效地控制人的不安全行为和物的不安全状态，消除或避免事故，达到保护劳动者安全与健康的目的。没有明确目的的安全管理是一种盲目行为。盲目的安全管理，劳民伤财，危险因素依然存在。在一定意义上，盲目的安全管理，只能纵容威胁人的安全与健康的状态向更为严重的方向发展或转化。

3.必须贯彻预防为主的方针

安全生产的方针是"安全第一，预防为主，综合治理"。安全第一是从保护生产力的角度和高度，表明在生产范围内安全与生产的关系，肯定安全在生产活动中的位置和重要性。进行安全管理不是处理事故，而是在生产活动中针对生产的特点，对生产因素采取管理措施，有效地控制不安全因素的发展与扩大，把可能发生的事故消灭在萌芽状态，以保证生产活动中人的安全与健康。

贯彻预防为主，首先要端正对生产中不安全因素的认识，端正消除不安全因素的态度，选准消除不安全因素的时机。在安排与布置生产内容时，应针对施工生产中可能出现的危险因素，采取措施予以消除。在生产活动过程中，经常检查、及时发现不安全因素，采取措施，明确责任，坚决予以消除，这是安全管理应有的鲜明态度。

4.坚持"四全"动态原理

安全管理不仅是少数人和安全机构的事，而是一切与生产有关的人共同的事。缺乏全员的参与，安全管理难以取得好的管理效果。当然，这并非否定安全管理第一责任人和安全机构的作用。生产组织者在安全管理中的作用固然重要，全员性参与管理也十分重要。

安全管理涉及生产活动的方方面面，涉及从开工到竣工交付的全部生产过程，涉及全部的生产时间，涉及一切变化着的生产因素。因此，生产活动中必须坚持全员、全过程、全方位、全天候的动态安全管理。只抓住一时一事、一点一滴，简单草率、一阵风式的安全管理，是走过场，是形式主义，不是我们提倡的安全管理作风。

5.安全管理重在控制

进行安全管理的目的是预防、消灭事故，防止或消除事故伤害，保护劳动者的安全与健康。在安全管理的四项主要内容中，虽然都是为了达到安全管理的目的，但是对生产因素状态的控制与安全管理目的的关系更直接，显得更为突出。因此，必须把对生产中人的不安全行为和物的不安全状态的控制，看成是动态的安全管理的重点。事故的发生，是由于人的不安全行为运动轨迹与物的不安全状态运动轨迹的交叉。而且根据事故发生的原理，也可以看出对生产因素状态的控制是安全管理的重点，而不能把约束当作安全管理的重点，是因为约束缺乏带有强制性的手段。

6.在管理中发展提高

既然安全管理是在变化着的生产活动中的管理，是一种动态管理，那就意味着管理是不断发展、不断变化的，从而适应变化的生产活动，消除新的危险因素。然而更为重要的是不间断地摸索新的规律，总结管理、控制的办法与经验，指导新的变化后的管理，从而使安全管理不断地上升到新的高度。

第二节　安全生产相关法律法规

一、建设工程法律法规体系

建设工程法律法规体系是指根据《中华人民共和国立法法》的规定，制定和公布施行的有关建设工程的各项法律、行政法规、地方性法规、自治条例、单行条例、部门规章和地方政府规章的总称。目前，这个体系已基本形成。本节列举和介绍的是与建设工程安全有关的法律、行政法规、部门规章和工程建设相关标准，不涉及地方性法规、自治条例、单行条例和地方政府规章。

1.建设工程法律、法规、规章的制定机关

建设工程法律是指由全国人民代表大会及其常务委员会通过的规范工程建设活动的法律规范，由国家主席签署主席令予以公布，在全国范围内施行，其地位和效力仅次于《中华人民共和国宪法》，如《中华人民共和国建筑法》《中华人民共和国招标投标法》《中华人民共和国合同法》《中华人民共和国政府采购法》《中华人民共和国城市规划法》等。

建设工程行政法规是指由国务院根据宪法和法律制定的规范工程建设活动的各项法规，由总理签署国务院令予以公布，颁布后在全国范围内施行。如《建设工程安全生产管理条例》《建设工程勘察设计管理条例》等。

2. 与建设工程有关的法律法规的法律效力

上述法律、法规、规章的效力是：法律的效力高于行政法规，行政法规的效力高于部门规章。工程建设标准的效力是：国家标准高于行业标准，行业标准高于地方标准，地方标准高于企业标准。

我们应当了解和熟悉我国建设工程法律、法规、规章体系，熟悉和掌握其中与安全工作关系比较密切的法律、法规、规章，以便依法进行安全管理和规范自己的安全行为。

二、建设工程法律

建设工程法律主要包括以下九种：

①《中华人民共和国建筑法》；

②《中华人民共和国安全生产法》；

③《中华人民共和国合同法》；

④《中华人民共和国招标投标法》；

⑤《中华人民共和国土地管理法》；

⑥《中华人民共和国城市规划法》；

⑦《中华人民共和国城市房地产管理法》；

⑧《中华人民共和国环境保护法》；

⑨《中华人民共和国环境影响评价法等。

第三节　安全生产管理制度

一、建筑施工企业安全生产许可证制度

国家对建筑施工企业实行安全生产许可制度。建筑施工企业未取得安全生产许可证的，不得从事建筑施工活动。国务院建设主管部门负责中央管理的建筑施工企业安全生产许可证的颁发和管理；省、自治区、直辖市人民政府建设主管部门负责本行政区域内前款规定以外的建筑施工企业安全生产许可证的颁发和管理，并接受国务院建设主管部门的指导和监督；市、县人民政府建设主管部门负责本行政区域内建筑施工企业安全生产许可证的监督管理，并将监督检查中发现的企业违法行为及时报告安全生产许可证颁发管理机关。

1.建筑施工企业取得安全生产许可证应当具备的安全生产条件

①建立、健全安全生产责任制，制定完备的安全生产规章制度和操作规程；

②保证本单位安全生产条件所需资金的投入；

③设置安全生产管理机构，按照国家有关规定配备专职安全生产管理人员；

④主要负责人、项目负责人、专职安全生产管理人员经建设主管部门或其他有关部门考核合格；

⑤特种作业人员经有关业务主管部门考核合格之后，方可取得特种作业操作资格证书；

⑥管理人员和作业人员每年至少进行一次安全生产教育培训并考核合格；

⑦依法参加工伤保险，依法为施工现场从事危险作业的人员办理意外伤害保险，为从业人员交纳保险费；

⑧施工现场的办公、生活区及作业场所和安全防护用具、机械设备、施工机具及配件符合有关安全生产法律、法规、标准和规程的要求；

⑨有职业危害防治措施，并为作业人员配备符合国家标准或者行业标准的安全防护用具和安全防护服装；

⑩有对危险性较大的分部分项工程及施工现场易发生重大事故的部位、环

节的预防、监控措施和应急预案；

⑪有生产安全事故应急救援预案、应急救援组织或者应急救援人员，配备必要的应急救援器材、设备；

⑫法律、法规规定的其他条件。

2.建筑施工企业申请安全生产许可证应当向建设主管部门提供的材料

①建筑施工企业安全生产许可证申请表；

②企业法人营业执照；

③建筑施工企业取得安全生产许可证，应当具备安全生产条件所规定的相关文件、材料。

3.建筑施工企业申请安全生产许可证的程序

建筑施工企业申请安全生产许可证，应当对申请材料实质内容的真实性负责，不得隐瞒有关情况或者提供虚假材料。

建设主管部门应当自受理建筑施工企业的申请之日起45日内审查完毕。经审查符合安全生产条件的，颁发安全生产许可证；不符合安全生产条件的，不予颁发安全生产许可证，书面通知企业并说明理由。企业自接到通知之日起应当进行整改，整改合格后方可再次提出申请。

建设主管部门审查建筑施工企业安全生产许可证申请，涉及铁路、交通、水利等有关专业工程时，可以征求铁路、交通、水利等有关部门的意见。

安全生产许可证的有效期为3年。安全生产许可证有效期满需要延期的，企业应当于期满前3个月向原安全生产许可证颁发管理机关申请办理延期手续。

企业在安全生产许可证有效期内，严格遵守有关安全生产的法律法规，未发生死亡事故的，安全生产许可证有效期届满时，经原安全生产许可证颁发管理机关同意，不再审查，安全生产许可证有效期延期3年。

二、安全生产责任制度

安全生产责任制度是建筑生产中最基本的安全管理制度，是所有安全规章制度的核心。安全生产责任制度是将各种不同的安全责任落实到负责有安全管理责任的人员和具体岗位人员本身的一种制度。

　　安全生产责任制是根据我国"安全第一，预防为主，综合治理"的安全生产方针和安全生产法规建立的各级领导、职能部门、工程技术人员、岗位操作人员在劳动生产过程中对安全生产层层负责的制度。实践证明，凡是建立、健全了安全生产责任制的企业，各级领导重视安全生产、劳动保护工作，切实贯彻执行党的安全生产、劳动保护方针、政策和国家的安全生产、劳动保护法规，在认真负责地组织生产的同时，积极采取措施，改善劳动条件，工伤事故和职业性疾病会随之减少；反之，就会职责不清，相互推诿，使安全生产、劳动保护工作无人负责，无法进行，工伤事故与职业病也会不断发生。

　　（一）如何建立安全生产责任制

　　建筑施工企业在一般情况下通过建立公司和项目两级安全生产责任制开展工作。如果设立了分公司、区域性公司等分支机构，也应建立相应的安全生产责任制。

　　（二）安全生产责任

　　①法人代表、总经理、分管生产副总经理；

　　②三总师，即总工程师、总经济师、总会计师；

　　③生产计划部门；

　　④施工技术部门；

　　⑤设备材料部门；

　　⑥安全管理部门；

　　⑦消防保卫部门；

　　⑧劳动人事部门；

　　⑨医务卫生部门；

　　⑩行政后勤部门；

　　⑪宣传教育部门；

　　⑫财务部门；

　　⑬工会组织需要说明的是工会虽不是行政职能部门，但对职工的劳动保护是其主要工作职责之一，工会是在党组织的领导下代表职工的利益对企业实行监督。

（三）项目部安全生产责任

①项目部经理、分管副经理；

②项目部技术负责人；

③项目部专职安全员；

④项目部消防保卫人员；

⑤项目部机管员（包括材料员）；

⑥项目部各专业施工员及工长；

⑦各专业班组长；

⑧各专业班组工人。

（四）主要人员的安全职责

建筑施工企业和工程项目部对建立的各级各部门各类人员的安全责任制，要制定检查和考核的办法，根据制定的检查和考核办法进行定期的检查、考核、登记，并作为评定安全生产责任制贯彻落实情况的依据。

1. 企业法人安全职责

企业法人代表是企业安全生产第一责任人，对本企业安全生产工作负总责任。企业法人的职责包括以下方面：

①认真贯彻执行有关安全生产法律法规、行业技术标准和有关安全规程，"落实安全第一，预防为主，综合治理"的安全生产方针。

②建立健全"三项制度"并严格落实。当行业技术规程、标准修改时或本行业工种、岗位发生变化时，要及时修改补充和完善。

③按有关规定，足额提取安全技术措施经费，保证企业安全生产资金的投入。

④按有关规定，设立安全组织机构，配备、配足安全生产管理人员。

⑤按有关规定，足额缴纳风险抵押金，为企业职工办理工伤保险。

⑥推行企业安全生产质量标准化，积极开展安全质量达标活动，保证企业安全生产。

⑦落实企业全体职工安全生产承诺制度，保证不漏岗位、不漏工种、不漏人员，要求人人承诺，履行安全生产职责，实现管理层人员不违章指挥，执行

层人员不违章作业、不违反劳动纪律的目标。

⑧安全生产事故的处理。发生事故，组织救援，配合调查处理。

2. 项目经理安全职责

项目经理是项目安全生产的第一责任者，负责整个项目的安全生产工作，对所管辖工程项目的安全生产负直接领导责任。项目经理的职责包括以下方面：

①对合同工程项目施工过程中的安全生产负全面领导责任。

②在项目施工生产全过程中，认真贯彻落实安全生产方针政策、法律法规和各项规章制度，结合项目工程特点及施工全过程的情况，制定本项目工程各项安全生产管理办法，或有针对性地提出安全管理要求，并监督其实施。严格履行安全考核指标和安全生产奖惩办法。

③在组织项目工程业务承包、聘用业务人员时，必须本着加强安全工作的原则，根据工程特点确定安全工作的管理制度，配备相关人员，并明确各业务承包人的安全责任和考核指标，支持、指导安全管理人员的工作。

④健全和完善用工管理手续，录用外包队必须及时向有关部门申报；严格用工制度与管理，适时组织上岗安全教育，并对外包队人员的健康与安全负责，加强劳动保护工作。

⑤认真落实施工组织设计中的安全技术措施及安全技术管理的各项措施，严格执行安全技术审批制度，组织并监督项目工程施工中的安全技术交底制度和设备、设施验收制度的实施。

⑥领导、组织施工现场定期的安全生产检查，发现施工生产中的不安全问题，组织采取措施及时解决。对上级提出的安全生产与管理方面的问题，要定时、定人、定措施予以解决。

⑦发生事故时，要及时上报，保护好现场，做好抢救工作，积极配合事故的调查，认真落实纠正与防范措施，吸取事故教训。

3. 项目技术负责人的职责

项目技术负责人对项目工程生产经营中的安全生产负技术责任。项目技术负责人的职责包括以下方面：

①贯彻、落实安全生产方针、政策，严格执行安全技术规程、规范、标准，结合项目工程特点，主持项目工程的安全技术交底。

②参加或组织编制施工组织设计，在编制、审查施工方案时，要制定、审查安全技术措施，保证其可行性与针对性，并随时检查、监督、落实。

③在主持制定专项施工方案、技术措施计划和季节性施工方案的同时，还有制定相应的安全技术措施并监督执行，及时解决执行中出现的问题。

④及时组织项目工程应用新材料、新技术、新工艺人员的安全技术培训，认真执行安全技术措施与安全操作规程，预防施工中因化学物品引起的火灾、中毒或其新工艺实施中可能造成的事故。

⑤主持安全防护设施和设备的检查验收，发现设备、设施不正常情况应及时采取措施，严格控制不符合标准要求的防护设备、设施投入使用。

⑥参加安全生产检查，对施工中存在的不安全因素，从技术方面提出整改意见和办法，及时予以消除。

⑦参加、配合工伤及重大未遂事故的调查，从技术方面分析事故原因，提出防范措施。

三、安全教育培训管理制度

（一）安全教育的内容

安全教育的内容概括为三方面，即思想政治教育、安全管理知识教育和安全技术知识、安全技能教育。

（1）思想政治教育。

思想政治教育包括思想教育、劳动纪律教育、法治教育。这是提高各级领导和广大职工的政策水平，建立法制观念的重要手段，是安全教育的一项重要内容。

（2）安全管理知识教育。

安全管理知识教育包括安全生产方针政策、安全管理体制、安全组织结构及基本安全管理方法等。这是各级领导和管理人员必须掌握的要点。

（3）安全技术知识、安全技能教育

①安全技术知识分为一般性和专业性安全技术知识。一般性安全技术知识是全体职工均应了解的；专业性安全技术知识是指进行各具体工种操作所需的安全技术知识。

②安全技能教育是指掌握安全技术知识后，在实际操作中对安全操作技能的训练，以便正确运用。

（二）建筑施工企业三类人员考核任职制度

三类人员是指建筑施工企业的主要负责人、项目负责人、专职安全生产管理人员。建筑施工企业主要负责人是指对本企业日常生产经营活动和安全生产工作全面负责、有生产经营决策权的人员，包括企业法定代表人、经理、企业分管安全生产工作的副经理等。建筑施工企业项目负责人是指由企业法定代表人授权，负责建设工程项目管理的负责人等。建筑施工企业专职安全生产管理人员是指在企业专职从事安全生产管理工作的人员，包括企业安全生产管理机构的负责人及其工作人员和施工现场专职安全生产管理人员。

四、安全技术交底制度

为贯彻落实国家安全生产方针、政策、规程规范、行业标准及企业各种规章制度，及时对安全生产、工人职业健康进行有效预控，提高施工管理、操作人员的安全生产管理、操作技能，努力创造安全生产环境，根据《中华人民共和国安全生产法》《建设工程安全生产管理条例》《施工企业安全检查标准》等有关规定，结合企业实际，制定安全技术交底制度。安全技术交底要求如下：

①工程开工前，由公司环境安全监督处与基层单位负责向项目部进行安全生产管理首次交底。

②施工队长或班组长要根据交底要求，对操作工人进行针对性的班前作业安全交底，操作人员必须严格执行安全交底的要求。

③安全技术交底要全面、有针对性，符合有关安全技术操作规程的规定，内容要全面准确。安全技术交底要经交底人与接受交底人签字方能生效。交底字迹要清晰，必须本人签字，不得代签。

④安全交底后，项目技术负责人、安全员、班组长等要对安全交底的落实情况进行检查和监督，督促操作工人严格按照交底要求施工，防止违章作业现象发生。

五、安全检查与评分制度

工程项目安全检查是在工程项目建设过程中消除隐患、防止事故、改善劳动条件及提高员工安全生产意识的重要手段，是安全控制工作的一项重要内容。通过安全检查，可以发现工程中的危险因素，以便有计划地采取措施保证安全生产。施工项目的安全检查应由项目经理组织，定期进行。

安全检查后，要根据检查结果，按照《建筑施工安全检查标准》（JGJ59—2011）的各检查项目表格进行打分，然后按《建筑施工安全检查标准》（JGJ59—2011）评价建筑施工安全生产情况。

六、安全事故报告制度

《建设工程安全生产管理条例》规定："施工单位发生生产安全事故，应当按照国家有关伤亡事故报告和调查处理的规定，及时、如实地向负责安全生产监督管理的部门、建设行政主管部门或者其他有关部门报告；特种设备发生事故的，还应当同时向特种设备安全监督管理部门报告。接到报告的部门应当按照国家有关规定执行。"

第四节　安全生产管理预案

一、施工组织设计

《中华人民共和国建筑法》第三十八条规定："建筑施工企业在编制施工组织设计时，应根据建筑工程的特点制定相应的安全技术措施。对专业性较强的工程项目，应当编制专项安全施工组织设计，并采取安全技术措施。"

1.安全施工组织设计的编制内容

①工程概况。

②职业健康安全与环境目标（根据项目部与公司签订的安全责任书），包括健康安全目标、文明施工目标、环境目标等。

③建立健全安全管理机制和规章制度。

④危险源的预防措施（根据工程实际情况先进行识别，然后编制预防措施）。

⑤施工现场布置及准备，包括安全技术准备、材料准备、施工现场悬挂标牌和其他宣传标语等。

⑥分部分项工程安全技术措施，包括基坑工程、脚手架工程、钢筋工程、模板工程、混凝土工程、砌体工程、装修工程、防水工程、油漆工程、施工用电工程、屋面工程、"三宝四口"的防护方法、起重吊装工程、吊篮施工及其他（根据实际编写）。

⑦机械安全管理（根据工程实际使用情况、然后编制安全管理制度），包括搅拌机、电锯、混凝土振捣器、切割机、钢筋弯曲机、切断机、打夯机、电焊机、起重机械等。

⑧消防安全措施。

⑨五大伤害（坍塌、触电、高处坠落、物体打击、机械伤害）控制措施。

⑩职业健康管理。

⑪文明施工与环境保护。

⑫季节性施工措施（根据工程计划进度表编制）。

⑬安全投入计划。

⑭特殊工种配备。

⑮施工平面布置图及安全生产保证体系。

⑯施工现场安全标志及消防器材平面布置图。

2. 安全施工组织设计编制要求

①建筑施工企业（工程项目部）在编制施工组织设计（施工方案）时，必须根据工程项目特点和施工现场实际，制定切实可行的安全技术措施和方案。

②建筑施工企业应严格按照住建部《危险性较大的分部分项工程安全管理办法》的要求，在危险性较大的分部分项工程施工前，单独编制安全专项施工方案。对于超过一定规模危险性较大的分部分项工程，施工单位应当组织专家对安全专项施工方案进行论证。危险性较大的分部分项工程安全专项施工方案包括以下内容：工程概况、编制依据、施工计划、施工工艺技术、施工安全保证措施、劳动力计划、计算书及相关图纸等。

③施工组织设计、安全技术措施或安全专项施工方案必须由专业技术人员编制，施工企业技术负责人审批签字盖章后，报送监理企业总监理工程师（建设单位项目负责人）审查签字盖章后方可组织实施。施工过程中变更方案的，必须经原流程审批，批准后实施。施工组织设计、安全技术措施或安全专项施工方案按规定应当通过专家论证的，应组织专家论证，论证通过后按上述程序办理签字手续方可实施。

④建筑施工企业应当对施工现场存在的危险源进行识别、评价，确认重大危险源，建立重大危险源监控、公示制度，落实责任人，并根据具体情况制订应急预案。

3.编制安全技术措施的主要内容

（1）常规安全技术措施。

①土方开挖。根据开挖深度和土的种类，选择开挖方法，确定边坡坡度和护坡支撑、护壁桩等，以防土方坍塌。

②脚手架的选用、搭设方案和安全防护设施。

③高处作业及独立悬空作业的安全防护。

④安全网（立网、平网）的架设要求、范围、架设层次、段落。

⑤垂直运输机具、塔吊、井架（龙门架）等垂直运输设备的位置及搭设稳定性、安全装置等要求和措施。

⑥施工洞口及临边的防护方法，立体交叉施工作业区的隔离措施。

⑦场内运输道路及人行通道的布置。

⑧施工临时用电的组织设计和绘制临时用电图。

⑨施工机具的使用安全。

⑩模板工程的安装和拆除安全。

⑪防火、防毒、防爆、防腐等安全措施。

⑫正在建设的工程与周围人行通道及民房的防护隔离设置。

⑬其他。

（2）季节性施工安全措施。

①夏季安全技术措施，主要是预防中暑措施。

②雨季安全技术措施，主要是防触电措施，防雷击措施，防脚手架、井字架（或龙门架）倒塌，以及槽、坑、沟边坡坍塌的措施。

③冬季施工安全技术措施，主要是施工及现场取暖锅炉安全运行措施，煤炉防煤气中毒措施，脚手架、井字架（或龙门架）、大模板、临建、塔吊等的防风倒塌措施，斜道、通行道、爬梯、作业面的防滑措施，现场防火措施，防误食亚硝酸钠等防冻剂中毒的措施。

4.安全技术措施计划审批

公司下属单位在编制年度生产、技术、财务计划的同时必须编制安全技术措施计划。凡申报的安全技术措施项目，应由技术部门提出申请，经有关部门审批，并报公司核准后方可执行。安全技术措施的计划范围，包括以改善劳动条件（主要指影响安全和健康的）、防止伤亡事故、预防职业病和职业中毒为目的的各项措施。安全技术措施项目所需的材料、设备应列入计划，并针对每项措施确定实现的期限和负责人。企业领导人应对项目的计划、编制和贯彻执行负责。

安全技术措施经费按照规定不得挪作他用。安全技术措施计划必须切合实际，并组织定期检查，以保证计划的实现。

二、分部（分项）工程安全技术交底

施工现场各分部（分项）工程在施工作业前必须进行安全技术交底。施工员在安排分部（分项）工程生产任务的同时，必须向作业人员进行有针对性的安全技术交底。各专业分包单位由施工管理人员向其作业人员进行作业前的安全技术交底。分部（分项）工程安全技术交底必须与工程同步进行。

分部（分项）工程安全技术交底必须贯穿于施工全过程并且要全方位。交底一定要细、要具体化，必要时要画大样图。

三、施工安全事故的应急与救援

近年来，我国政府相继颁布的一系列法律法规，对特大安全事故、重大危险源等应急救援和应急预案工作提出了相应的规定和要求。《中华人民共和国安全生产法》第十一条规定，生产经营单位的主要负责人具有组织制订并实施本单位的生产安全事故应急救援预案的职责；第七十七条规定，县级以上地方各级人民政府应当组织有关部门制订本行政区域内生产安全事故应急救援预案，建立应急救援体系。

（一）事故应急预案的作用

制订事故应急预案是贯彻落实"安全第一，预防为主，综合治理"方针，提高应对风险和防范事故的能力，保证职工安全健康和公众生命安全，最大限度地减少财产损失、环境损害和社会影响的重要措施。

事故应急预案在应急系统中起着关键作用，它明确了在突发事故发生之前、发生过程中刚刚结束之后，谁负责做什么、何时做，以及相应的策略和资源准备等。它是针对可能发生的重大事故及其影响和后果的严重程度，为应急准备和应急响应的各个方面所预先做出的详细安排，是开展及时、有序和有效事故应急救援工作的行动指南。

（二）事故应急预案的主要内容

1.应急预案概况

应急预案概况主要描述生产经营单位概况及危险特性状况等，同时对紧急情况下应急事件、适用范围和方针原则等提供简述并做必要说明。应急救援体系首先要有一个明确的方针和原则来作为指导应急救援工作的纲领。方针与原则反映了应急救援工作的方向、政策、范围和总体目标，如保护人员安全优先、防止和控制事故蔓延优先、保护环境优先。此外，方针与原则还应体现事故损失控制、预防为主、统一指挥以及持续改进等思想。

2.事故预防

预防程序是对潜在事故、可能的次生与衍生事故进行分析并说明所采取的预防和控制事故的措施。

应急预案是有针对性的，具有明确的对象，其对象可能是某一类或多类可能的重大事故类型。应急预案的制定必须基于对所针对的潜在事故类型有一个全面系统的认识和评价，识别出重要的潜在事故类型、性质、区域、分布及事故后果，同时根据危险分析的结果，分析应急救援的应急力量和可用资源情况，并提出建设性意见。

第七章 建筑施工安全技术措施

第一节 脚手架工程安全技术

在建筑安装工程施工中，为满足施工作业的需要而设置的各种操作架子，统称为脚手架。脚手架是建筑工程施工重要的临时设施，是施工现场为安全防护、工人操作以及解决楼层间少量垂直和水平运输而搭设的支架。在结构施工和设备管道的安装施工中，都需要按照操作要求搭设脚手架。搭设脚手架的成品称为"架设材料"或"架设工具"，它是施工企业最重要的常备施工设备和周转性材料，对于工程的施工质量、施工进度和工程造价均有重要影响。

一、脚手架的基本要求

1. 使用要求

（1）有足够的面积，能满足工人操作、材料堆置和运输的需要。

（2）具有稳定的结构和足够的承载能力，能保证施工期间在各种荷载和气候条件下、不变形、不倾斜、不摇晃。

（3）搭拆简单，搬移方便，可多次周转使用。

（4）应考虑多层作业、交叉流水作业和多工种作业要求，减少多次搭拆。

2. 一般要求

（1）脚手架搭设前必须根据工程的特点按有关规定制定施工方案和搭设的安全技术措施。

（2）脚手架搭设或拆除人员必须由符合劳动部颁发的《特种作业人员安全技术培训考核管理规定》经考核合格，领取《特种作业人员操作证》的专业架子工进行。

（3）操作人员应持证上岗。操作时必须佩戴安全帽、系安全带、穿防滑鞋。

（4）脚手架与高压线路的水平距离和垂直距离，必须按照有关要求执行。

（5）大雾及雨、雪天气和6级以上大风时，不得进行脚手架上的高处作业。雨、雪天后作业，必须采取安全防滑措施。

（6）脚手架搭设作业时，应按形成基本构架单元的要求逐排、逐跨和逐步地进行搭设。矩形周边脚手架宜从其中的一个角部开始向两个方向延伸搭设。已搭部分必须确保稳定。

门式脚手架以及其他纵向竖立面刚度较差的脚手架，在连墙点设置层宜加设纵向水平长横杆与连接件连接。

（7）搭设作业，应按以下要求做好自我保护和保护好作业现场人员的安全。

（8）在架上作业时，应注意的安全事项如下：

①作业前应注意检查作业环境是否可靠、安全防护设施是否齐全有效，确认无误后方可作业。

②作业时应注意随时清理落在架面上的材料，保持架面上规整清洁，不要乱放材料、工具，以免影响作业的安全和发生掉物伤人。

③在进行撬、拉、推等操作时，要注意采取正确的姿势，站稳脚跟，或一手把持在稳固的结构或支持物上，以免用力过猛身体失去平衡或把东西甩出。在脚手架上拆除模板时，应采取必要的支托措施，以防拆下的模板材料掉落架外。

④当架面高度不够需要垫高时，一定要采用稳定可靠的垫高办法，且垫高不要超过500 mm；超过500 mm时，应按搭设规定升高铺板层。在升高作业面时，应相应加高防护设施。

⑤在架面上运送材料经过正在作业中的人员时，要及时发出"请注意""请让一让"的信号。材料要轻搁稳放，不得采用倾倒、猛磕或其他匆忙的卸料方式。

⑥严禁在架面上打闹戏耍、退着行走和跨坐在外防护横杆上休息。不要在架面上抢行、跑跳，相互避让时应注意身体不要失去平衡。

（9）在脚手架上进行电气焊作业时，要铺铁皮接着火星或移去易燃物，以防火星点着易燃物，并应有防火措施。一旦着火，必须及时予扑灭。

（10）其他安全注意事项如下：

①运送杆配件应尽量采用垂直运输设施或悬挂滑轮提升，并绑扎牢固，尽可能避免或减少用人工层层传递。

②除搭设过程中必要的1~2步架的上下外，作业人员不得攀缘脚手架上下，应走房屋楼梯或另设安全人梯。

③在搭设脚手架时，不得使用不合格的架设材料。

④作业人员要服从统一指挥，不得自行其是。

（11）钢管脚手架的高度超过周围建筑物或在雷暴较多的地区施工时，应安设防雷装置。其接地电阻应不大于4Ω。

（12）架上作业时，不要随意拆除基本结构杆件和连墙件，因作业的需要必须拆除某些杆件和连墙点时，必须取得施工主管和技术人员的同意，并采取可靠的加固措施后方可拆除。

（13）架上作业时，不要随意拆除安全防护设施，无设置或设置不符合要求时，必须补设或改善后才能上架进行作业。

（14）脚手架拆除作业前，应制定详细的拆除施工方案和安全技术措施，并对参加作业的全体人员进行技术安全交底，在统一指挥下，按照确定的方案进行拆除作业。

二、脚手架搭设与拆除

（一）多立杆式脚手架

多立杆式脚手架是建筑工程中最常用的脚手架，根据其所用材料不同，可分为扣件式钢管脚手架、碗扣式钢管脚手架、木脚手架和竹脚手架等。目前，以扣件式钢管脚手架和碗扣式钢管脚手架应用最广泛，木脚手架和竹脚手架已很少应用。

1. 扣件式钢管脚手架

扣件式钢管脚手架，是在建筑、桥梁、水利等工程中应用最广泛、使用量最大的脚手架。该手脚架的优点是：装拆方便，搭设灵活，能适应建筑物平面及高度的变化；承载力大，搭设高度高，坚固耐用，周转次数多；加工简单，维修容易，摊销费用低，比较经济。缺点是：一次性投资比较大，扣件容易丢失和损坏，螺栓的紧固程度差异较大，节点在力作用线之间有偏心等。

（1）扣件式钢管脚手架的基本要求：为了使扣件式钢管脚手架能够安全可靠地承受和传递各种荷载作用，其组成应满足以下条件：

①脚手架是立柱、纵向水平杆件与横向水平杆件共同组成的"空间框架结构"，即在脚手架的中心节点处，必须同时设置立柱、纵向水平杆与横向水平杆；

②扣件螺栓的拧紧扭力矩，一般均应在 65 N·m 以上，以保证"空间框架结构"的节点具有足够的刚性和传递荷载的能力；

③在脚手架和建筑物之间必须按照设计要求设置足够数量、分布均匀的连墙杆，以便在脚手架的侧向（垂直于建筑物墙面方向）提供约束，防止脚手架出现横向失稳或倾覆，并可靠地传递风荷载；

④脚手架立柱的地基与基础必须坚实，应具有足够的承载能力，并防止产生不均匀的沉降或过大的沉降；

⑤应设置一定数量的纵向支撑（剪刀挣）和横向支撑，以使脚手架具有足够的纵向和横向整体刚度。

（2）扣件式钢管脚手架的构造要点：扣件式钢管脚手架可用于搭设外脚手架、里脚手架、满堂脚手架、支撑架和其他用途的架子，最典型的是外脚手架。

搭设前的准备工作主要包括以下方面：

①不同的建筑工程采用不同的脚手架，它们具有不同的结构和具体要求，因此单位工程负责人应按施工组织设计中有关脚手架的要求，向脚手架的架设和使用人员进行技术交底

②为确保搭设脚手架的质量，在正式搭设前应按规范规定和施工组织设计的搭设要求，对所用钢管、扣件、脚手板等进行检查验收，不合格产品不得用于工程。

③经检验合格的脚手架构配件，应按品种、规格进行分类，并做到堆放整齐、平稳，使用方便，堆放场地不得高低不平，不得有积水，最好堆放在仓库和料棚内。

④应对搭设脚手架的施工现场进行认真准备，如平整搭设场地、清理场地杂物、检测搭设处地基的压实度、开挖排水沟等。

⑤当脚手架基础下有设备基础、管沟时，在脚手架搭设前最好将其埋设完

成，在脚手架使用过程中不得进行开挖，否则必须采取加固措施。

脚手架的自重及其上面的施工荷载均由脚手架基础传至地基。为使脚手架保持稳定，不产生过大的下沉，保证其牢固和安全，必须对其基础进行处理，使其有一个牢固可靠的脚手架基础。

（二）碗扣式钢管脚手架

碗扣式钢管脚手架也称为多功能碗扣型脚手架，这是一种新型的承插式钢管脚手架。这种脚手架具有拼拆迅速省力、结构稳定可靠、配备比较完善、通用性强、承载力大、安全可靠、易于加工、不易丢失、便于管理、易于运输、应用广泛等特点。

1. 双排脚手架的构造要求

在现行标准《建筑施工碗扣式钢管脚手架安全技术规范》（JGJ166—2008）中，对碗扣式脚手架的构造有具体规定，必须按照要求进行搭设。

2. 碗扣式脚手架的搭设

碗扣式脚手架的搭设方法如下：

①脚手架施工前必须制定施工设计或专项方案，保证其技术可靠和使用安全。经技术审查批准后方可实施。

②脚手架搭设前工程技术负责人应按脚手架施工设计或专项方案的要求对搭设和使用人员进行技术交底。

③对进入现场的脚手架构、配件，在使用前应对其质量进行复检，其质量必须符合现行规范中的要求。

④构配件应按品种、规格分类放置在堆料区内或码放在文用架上，清点好数量备用。脚手架堆放场地排水应畅通，不得有积水。

⑤连墙杆件如采用预埋方式，应提前与设计方协商，并保证预埋件在混凝土浇筑前埋入。

⑥脚手架搭设场地必须平整、坚实、排水措施得当。

3. 碗扣式脚手架的拆除

（1）脚手架的拆除：脚手架的安全拆除主要包括以下内容：

①应全面检查脚手架的连接、支撑体系等是否符合构造要求，通过技术管理程序批准后方可实施拆除作业；

②脚手架拆除前现场工程技术人员应对在岗操作工人进行有针对性的安全技术交底；

③脚手架拆除时必须划出安全区，设置警戒标志，并派专人进行看管；

④拆除前应彻底清理脚手架下的器具及多余的材料和杂物；

⑤拆除作业应从顶层开始逐层向下进行，严禁上下层同时进行拆除；

⑥连墙杆件必须拆到该层时方可拆除，严禁在拆架前先拆除连墙杆件；

⑦拆除的构配件应用吊具吊下或人工递下，严禁随意抛掷；

⑧拆除的构配件应成捆用起重设备吊运或人工传递到地面，严禁抛掷；

⑨脚手架采取分段、分立面拆除时，必须事先确定分界处的技术处理方案；

⑩拆除的构配件应分类堆放，以便运输、维护和保管。

（三）门式脚手架

门式钢管脚手架又称为多功能门式脚手架，这是目前国际上应用最普遍的脚手架之一。这是以门架、交叉支控、水平梁架、连接棒、锁臂和脚手板等组成基本单元，再设置水平加固杆、剪刀控、打地杆、封口杆、托座与底座，并采用连墙杆件与建筑物主体连接的一种标准化钢管脚手架。门式钢管脚手架的主要特点是尺寸标准、结构合理、承载力高、装拆容易、安全可靠、高度可调，特别适用于搭设使用周期比较短或频繁周转的脚手架。

四、脚手架安全技术措施

（1）脚手架的搭设人员必须是经过国家《特种作业人员安全技术考核管理规则》考核合格的专业架子工。上岗人员应定期进行体检，体检和考核合格者持证上岗。

（2）对于脚手架的选型、选材、设计、搭设、构造、拆除和安全防护等方面的规定，必须作为单项工程施工组织设计的主要内容之一，不能单凭施工经验进行搭设。脚手架的安全工作，必须贯彻"安全第一、预防为主"的方针，管生产必须管安全，从而组成完善的安全管理体系。

（3）工地临时用电线路的架设及脚手架接地、避雷措施等，必须符合《施工现场临时用电安全技术规范》（JGJ 46—2005）中的有关规定。在搭设和拆除脚手架时，应按《建筑施工高处作业安全技术规范》（JGJ 80—2016）的有关规定执行。目地面应设置围栏和警戒标志，并派 5 人负责，严禁非操作人员入内。

（4）在搭设和拆除脚手架前，应由工程项目技术负责人向工长、安全员、施工操作班组全体人员做安全技术交底，讲述施工中应特别注意的事项。当采用新技术、新工艺、新设备时，必须制定相应的安全技术措施，经有关部门批准后方可执行。在整个施工的过程中，应经常对职工进行安全技术教育，发现施工中的安全技术问题立即解决。

（5）垂直设置建筑的外脚手架的外侧应满挂安全网围护，一般应选用细尼龙绳编织的密目式安全网。安全网应封严，与外脚手架固定牢靠。

（6）从第二层楼面起应设置水平安全网，往上每隔 3~4 层设一道，同时再设一道安全网。要求网绳不破损，生根要牢固，绷紧、围拼要严密。

（7）严禁随意拆除杆件和进行危及脚手架的作业。

①不得任意拆除下列杆件，否则应报主管部门批准，并采取可靠的安全补救措施后方可拆除：主节点处的纵、横向水平杆和纵、横向扫地杆、封口杆等；连墙杆件、水平加固杆、交叉撑、水平架；剪刀撑、之字撑、斜撑等；栏杆、挡脚板；安全立网和水平网。

②从室内往室外挖掘管沟通过脚手架时，应制定相应的立杆加固措施，报主管部门批准后方可动工开挖。

③在邻近脚手架处进行挖掘作业时，应采取相应的安全措施，报主管部门批准后方可动工开挖。

④在脚手架（特别是木脚手板、架）上进行电气焊作业时，应采取相应的防火措施，并派专人看守。

（8）在脚手架使用过程中，应注意以下事项：

①在工程相应位置应设置供施工人员上下使用的安全扶梯、爬梯或斜道，否则必须设置室外电梯供施工人员上下使用。

②严格控制各式脚手架上的施工荷载，特别是对于附着式升降脚手架、桥式、吊、挂、捕、挑等形式的脚手架，更应当严格控制施工荷载。

③在脚手架上确实需要同时进行多层作业时，各作业层之间应设置可靠的防护棚栏，以防止上层坠落物体伤及下层作业人员。不得在脚手架上堆放模板、钢筋等物料，其他物料的堆放应少量、均匀。严禁在脚手架上拴拉缆风绳，更

不允许固定、架设混凝土输送泵和管道、起重拔杆和起重设备等。

④在临街或人行通道的脚手架外侧，应有严密的防护措施和明显标志，以防止物体坠落伤人。

⑤当遇到立杆沉陷或悬空、架子歪斜、脚手板上结冰等情况时，应立即停止作业，在未解决问题之前应随时观察脚手架的变化。

⑥定期清除脚手架上的建筑垃圾。建筑垃圾不能直接抛至地上，应用垂直运输设备集中运下来。

⑦在安装模板时，模板的支撑不能与脚手架相连，运转物料的平台不得受力于脚手架上。

⑧在使用脚手架的过程中，应定期检查下列项目：杆件的设置和连接，连墙件、支撑、门洞桁架等的构造是否符合要求；扣件螺栓是否有松动现象；地基是否存有积水，底座是否松动；橡胶电缆有无破损，提升设备有无损伤。

⑨现场安全员应当坚持原则、认真负责，有权制止违章指挥和违章作业，遇有险情应立即停止施工作业，并报告工程项目领导及时处理。所有的施工人员应严格遵守劳动纪律，服从领导和安全检查人员的指挥，在施工中要思想集中、精心操作、注意安全。

⑩遇到六级及六级以上大风及大雾、大雨、大雪等天气，应停止脚手架上的一切作业；雨雪后上脚手架作业前应先清除积雪并有防滑措施。

五、脚手架的维护

脚手架大多在露天使用，搭拆频繁，耗损较大，必须加强维护和管理，及时做好回收、清理、保管、整修、防锈、防腐等工作，降低损耗率，提高周转次数，延长使用年限，降低工程成本。

用完的脚手架料和构件、零件要及时回收、分类整理、分类存放。堆放地点要平坦，排水良好。堆放时下面要设支垫。钢管、角钢、钢桁架和其他钢构件最好放在室内，如果露天存放，应用毡、席盖好。扣件、螺栓及其他小零件，应放在室内，并用木箱、钢筋笼、麻袋、草包等容器分类贮存。

弯曲的钢杆件要调直，损坏的构件要修复，损坏的扣件、零件要及时更换。

做好钢铁件的防锈和木制件的防腐处理。钢管外壁在相对湿度大于 75% 的地区，应每年涂刷防锈漆一次，其他地区每两年涂刷一次。钢管内壁可根据地区情况，每隔 2~4 年涂刷一次。角钢、桁架和其他铁件每年涂刷一次。扣件要涂油，螺栓宜镀锌防锈，使用 3~5 年保护层剥落后应再次镀锌。没有镀锌条件时，应在每次使用后用煤油洗涤并涂机油防锈。

搬运长钢管、长角钢时，应采取措施防止弯曲。桁架应拆成单片装运，装卸时不得乱抛乱丢，防止损坏。

第二节　土方工程安全技术

一、土方开挖

（一）场地开挖

1.场地开挖边坡

挖方边坡应根据使用时间(临时性或永久性)、土的种类、物理力学性质(内摩擦角、黏聚力、密度、湿度)、水文情况等确定。对于永久性场地，挖方边坡坡度应按设计要求放坡。对使用时间较长的临时性挖方边坡坡度，应根据工程地质和边坡高度，结合当地实际经验确定。

挖方上边缘至土堆坡脚的距离，当土质干燥密实时，不得小于 3 m；当土质松软时，不得小于 5 m。在挖方下侧弃土时，应将弃土堆表面平整至低于挖方场地标高并向外倾斜。

2.边坡开挖

（1）场地边坡开挖应采取沿等高线自上而下，分层、分段依次进行，在边坡上采取多台阶同时进行机械开挖时，上台阶应比下台阶开挖进深不少于 30 m，以防塌方。

（2）边坡台阶开挖，应做成一定坡势，以利泄水。边坡下部设有护脚及排水沟时，应尽快处理台阶的反向排水坡，进行护脚矮墙和排水沟的砌筑和疏通，以保证坡脚不被冲刷荷载影响边坡稳定的范围内不积水，否则应采取临时性排水措施。

（3）边坡开挖，对软土土坡或易风化的软质岩石边坡在开挖后应对坡面、坡脚采取喷浆、抹面、嵌补、护砌等保护措施，并做好坡顶、坡脚排水，避免在影响边坡稳定的范围内积水。

3.场地开挖

（1）开挖前，应根据工程结构形式、场地深度、地质条件、周围环境、施工方法、施工工期和地面荷载等资料，确定场地开挖方案和地下水控制施工方案。

（2）场地边缘堆置土方和建筑材料，或沿挖方边缘移动运输工具和机械，一般应距场地上部边缘不少于 2 m，堆置高度不应超过 1.5 m。在垂直的边坡，此安全距离还应适当加大。软土地区不宜在场地边堆置弃土。

（3）场地周围地面应进行防水、排水处理，严防雨水等地面水浸入场地周边土体。

（4）场地开挖完成后，应及时清底、验收，减少暴露时间，防止暴晒和雨水浸刷破坏地基土的原状结构。

（二）基坑与沟槽的开挖

基坑与沟槽的开挖方法如下：

（1）基坑（槽）开挖，应先进行测量定位，抄平放线，定出开挖长度，按放线分块（段）分层挖土。根据土质和水文情况，采取在四侧或两侧直立开挖或放坡，以保证施工操作安全。当土质为天然湿度、构造均匀、水文地质条件良好（不会发生坍滑、移动、松散或不均匀下沉），且无地下水时，开挖基坑也可不必放坡，采取直立开挖不加支护。放坡后基坑上口宽度由基坑底面宽度及边坡坡度来决定，坑底宽度每边应比基础宽出 15~30 cm，以便施工操作。

（2）当开挖基坑（槽）的土体含水量大而不稳定，或基坑较深，或受到周围场地限制而需用较陡的边坡或直立开挖而土质较差时，应采用临时性支撑加固，基坑、槽每边的宽度应比基础宽 15~20 cm，以便设置支撑加固结构。挖土时，土壁要求平直，挖好一层，支一层支撑，挡土板要紧贴土面，并用小木桩或横撑木顶住挡板。开挖宽度较大的基坑，当在局部地段无法放坡，或下部土方受到基坑尺寸限制不能放较大坡度时，应在下部坡脚采取加固措施，如采用短桩与横隔板支撑，或砌坡、毛石，或用编织袋、草袋装上堆砌临时矮挡土墙保护坡脚。

（3）基坑开挖程序一般是：测量放线—切线分层开挖—排降水—修坡—

整平—留足预留土层等。相邻基坑开挖时，应遵循先深后浅或同时进行的施工程序。挖土应自上而下水平分段分层进行，每层 0.3 m 左右，边挖边检查坑底宽度及坡度，不够时及时修整，每 3 m 左右修一次坡，至设计标高，再统一进行一次修坡清底，检查坑底宽和标高，要求坑底凹凸不超过 2.0 cm。

（4）基坑开挖应尽量防止对地基土的扰动。当用人工挖土，基坑挖好后不能立即进行下道工序时，应预留 15~30 cm 一层土不挖，待下道工序开始再挖至设计标高。采用机械开挖基坑时，为避免破坏基底土，应在基底标高以上预留一层由人工挖掘修整。使用铲运机、推土机时，保留土层厚度为 15~20 cm，正铲、反铲或拉铲挖土时为 20~30 cm。

（5）在地下水位以下挖土，应在基坑（槽）四侧或两侧挖好临时排水沟和集水井，或采用井点降水，将水位降低至坑、槽底 500 mm 内，以利挖方进行。降水工作应持续到基础（包括地下水位下回填土）施工完成。雨季施工时，基坑槽应分段开挖，挖好一段浇筑一段垫层，并在基槽两侧围以土堤或挖排水沟，以防地面雨水流入基坑槽，同时应经常检查边坡和支撑情况，以防止坑壁受水浸泡造成塌方。

（6）基坑挖完后应进行验槽，做好记录，发现地基土质与地质勘探报告、设计要求不符时，应与有关人员研究及时处理。

二、填方与压实

（一）土料的选用、含水率控制及基底处理

1. 土料的选用

填方土料应符合设计要求，保证填方的强度和稳定性。一般碎石类土、砂土和爆破石渣（粒径不大于每层铺土厚的 2/3）可用作表层下的填料。含水量符合压实要求的黏性土可作各层填料。淤泥和淤泥质土一般不能用作填料，但在软土地区，经过处理含水量符合压实要求的，可用于填方中的次要部位。碎块草皮和有机质含量大于 5% 的土，只能用无压实要求的填方。含有盐分的盐渍土，仅中、弱两类盐渍土一般可以使用，但填料中不得含有盐品、盐块或含盐植物的根基。不得使用冻土、膨胀性土作为填料。

2. 土料含水率控制

填土土料含水量的大小，直接影响到夯实（碾压）质量，在夯实（碾压）前应预试验，以得到符合密实度要求条件下的最优含水量和最少夯实（或碾压）遍数。含水量过小，夯压（碾压）不实；含水量过大，则易成橡皮土。黏性土料施工含水量与最优含水量之差可控制在 −4%~+2% 范围内（使用振动碾时，可控制在 −6%~2% 范围内）。

3. 基底处理

（1）场地回填应先清除基底上垃圾、草皮、树根，排除坑穴中积水、淤泥和杂物，验收基底标高；并应采取措施，防止地表滞水流入填方区，浸泡地基，造成基土下陷。当填方基底为耕植土或松土时，应将基底充分夯实和碾压密实。

（2）当填方位于水田、沟渠、池塘或含水量很大的松软土地段，应采取排水疏干，或将淤泥全部挖出换土、抛填片石、填砂砾石、翻松、掺石灰等措施进行处理。

（3）当填土场地地面陡于 1/5 时，应先将斜坡挖成阶梯形，阶高 0.2~0.3 m，阶宽大于 1 m。然后分层填土，以利接合和防止滑动。

（二）填土方法和填土压（夯）实

1. 人工填土与机械填土方法

（1）用手推车送土，以人工用铁锹、耙、锄等工具进行回填。

（2）从场地最低部分开始，由一端向另一端自下而上分层铺填。每层虚铺厚度，用人工木夯夯实时，不大于 20 cm；用打夯机械夯实时不大于 25 cm。

（3）深浅坑（槽）相连时，应先填深坑（槽），相平后与浅坑全面分层填夯。如果取分段填筑，交接处应填成阶梯形。墙基及管道回填应在两侧用细土同时均匀向填、夯实，防止墙基及管道中心线位移。

（4）人工夯填土用 60~80 kg 的木夯或铁、石夯，由 4~8 人拉绳，二人扶夯，举高不小于 0.5 m，一夯压半夯，按次序进行。较大面积回填用打夯机夯实。两机平行时其间距不得小于 3 m，在同一夯打路线上，前后间距不得小于 10 m。

机械填土方法：

①填土应由下而上分层铺填，每层虚铺厚度不宜大于 30 cm。大坡度堆填土，

不得居高临下，不分层次，一次堆填。

②推土机运土回填，可采取分堆集中，一次运送方法，分段距离为10~15 m，以减少运土漏失量。

③土方推至填方部位时，应提起一次铲刀，成堆卸土，并向前行驶85~10 m，利用推土机后退时将土刮平。用推土机来回行驶进行碾压，履带应重叠一半。

④填土程序宜采用纵向铺填顺序，从挖土区段至填土区段，以40~60 m距离为宜。

2.填土施工压（夯）实方法

（1）填土时需要注意以下几点：

①填土应尽量采用同类土填筑，并宜控制土的含水量在最优含水量范围内。当采用不同的土填筑时，应按土类有规则地分层铺填，将透水性大的土层置于透水性较小的土层之下，不得混杂使用，边坡不得用透水性较小的土封闭，以利水分排出和基土稳定，并避免在填方内形成水囊和产生滑动现象。

②填土应从最低处开始，由下向上整个宽度分层铺填碾压或夯实。

③在地形起伏之处，应做好接槎，修筑 1：2 阶梯形边坡，每台阶高可取50 cm、宽 100 cm。分段填筑时，每层接缝处应做成大于 1：1.5 的斜坡，碾迹重叠 0.5~1.0 m，下层错缝距离不应小于 1 m。接缝部位不得在基础、墙角、柱墩等重要部位。

④填土应预留一定的下沉高度，以备在行车、堆重或干湿交替等自然因素作用下，土体逐渐沉落密实。预留沉降量根据工程性质、填方高度、填料种类、压实系数和地基情况等因素确定。当土方用机械分层夯实时，其预留下沉高度（以填方高度的百分率计）：砂土为5%；粉质黏土为3.0%~3.5%。

（2）填土人工夯实方法如下：

①人力打夯前应将填土初步整平，打夯要按一定方向进行，一夯压半夯，夯夯相接，行行相连，两边纵横交叉，分层夯打。夯实基槽及地坪时，行夯路线应由四边开始，然后再夯向中间。

②用柴油打夯机等小型机具夯实时，一般填土厚度不宜大于 25 cm。打夯之前对填土应初步平整，打夯机依次夯打，均匀分布不留间隙。

③基坑（槽）回填应在相对两侧或四周同时进行回填与夯实。

④回填管沟时，应先通过人工方法在管子周围填土夯实，并应以管道两边同时进行，直至管顶0.5 m以上。在不损坏管道的情况下，方可采用机械填土网填夯实。

（3）填土机械压实方法如下：

①为保证填土压实的均匀性及密实度，避免碾轮下陷，提高碾压效率，在碾压机械碾压之前，宜先用轻型推土机、拖拉机推平，低速预压4~5遍，使表面平实；采用振动平碾压实爆破石渣或碎石类土应先静压，而后振压。

②碾压机械压实填方时，应控制行驶速度，一般平碾、振动碾不超过2 km/h，并要控制压实遍数。碾压机械与基础或管道应保持一定的距离，防止将基础或管道压坏或使之位移。

③用压路机进行填方压实，应采用"薄填、慢施、多次"的方法，填土厚度不应超过25~30 cm；碾压方向应从两边逐渐压向中间，碾轮每次重叠宽度为15~25 cm，避免漏压。运行中碾轮边距填方边缘应大于500 mm，以防发生溜坡倾倒。边角、边坡边缘压实不到之处，应辅以人力夯或小型夯实机具夯实。压实密实度。

除另有规定外，应压至轮子下沉量不超过1~2 cm为度。每碾压一层完后，应用人工或机械（推土机）将表面拉毛以利接合。

④平碾碾压一层后，应用人工或推土机将表面拉毛。土层表面太干时，应洒水湿润后，继续回填，以保证上、下层接合良好。

⑤用铲运机及运土工具进行压实，铲运机及运土工具的移动须均匀分布于填筑层的全面逐次卸土碾压

填土压实排降水要求如下：

①填土层如有地下水或滞水时，应在四周设置排水沟和集水井，将水位降低。

②已填好的土如遭水浸应先将稀泥铲除，方可进行下一道工序。

③填土区应保持一定横坡，或中间稍高两边稍低，以利排水。当天填土，应在当天压实。

（4）填方质量控制与检验主要有以下几点：

①对有密实度要求的填方，在夯实或压实之后，要对每层回填土的质量进行检验。一般采用环刀取样测定土的干密度，求出土的密实度，或用小型轻便触探仪直接通过锤击数来检验干密度和密实度。

②基坑和室内填土，每层按 100~500 m² 取样一组；场地平整填方，每层按 400~900 m² 取样一组；基坑和管沟回填，每 20~50 m² 取样一组，但每层均不少于一组，取样部位在每层压实后的下半部。

③填土压实后的干密度，应有 90% 以上符合设计要求；其余 10% 的最低值与设计值之差，不得大于 0.08 g/cm，且不应集中。

第三节　模板工程安全技术

一、模板安装

1. 模板施工准备和安全基本要求

（1）模板施工前的安全技术准备工作：模板施工前项目工程技术负责人要认真审查施工组织设计（施工方案）中有关模板设计的技术资料。

①模板结构设计计算书的荷载取值是否符合工程实际，计算方法是否正确，审核手续是否齐全。

②模板设计图包括结构构件大样及支撑体系、连接杆件等的设计是否安全合理，图纸是否齐全。

③模板设计中的安全技术措施：模板构件进场后，要认真检查构件和材料是否符合设计要求。例如，钢模板构件是否有严重锈蚀或变形，构件的焊缝或连接螺栓是否符合要求；木料的材质以及木构件拼接接头是否牢固等；自行加工的模板构件，特别是承重的钢构件要检查验收手续是否齐全。同时要具备施工现场安全作业条件，运输道路要畅通，防护设施应齐全有效。地面上的支模场地必须平整夯实，夜间应有充足的照明，电动工具的电源线绝缘良好，漏电保护器灵敏可靠，并做好模板垂直运输安全施工的准备工作。

项目工程技术负责人在使用模板施工前，必须认真向操作人员进行详细的安全技术措施交底，操作人员经培训、考试合格后方可进行模板作业。

（2）模板工程施工的安全基本要求：模板工程作业高度在 2 m 及 2 m 以上时，根据《建筑施工高处作业安全技术规范》中有关安全防护设施的规定执行。在临街及交通要道地区施工应设警示牌，并派专人进行监护。操作人员上下通行，必须走爬梯或通道，不得攀登模板或脚手架、井字架、龙门架等，不许在墙顶、独立梁及其他狭窄无防护栏杆的模板面上行走。高处作业人员所用工具应放在工具袋内，不得将工具、模板零件随意放在脚手架或操作平台上，以免坠落伤人。五级以上大风天气严禁模板吊装作业。

冬季施工时，对于操作地点和人行通道的冰、霜、雪在施工作业前应清扫干净，防止滑倒摔伤施工人员。木料及易燃保温材料应远离火源码放，采用电热养护的模板要有可靠的绝缘措施。

雨期施工时，高层施工结构的模板作业，要安装避雷设施，其接地电阻不得大于 10 Ω，沿海地区要考虑强台风并采取有效的加固措施。

吊运模板的悬臂式起重机的任何部位和被吊物件的边缘与 10 kV 以下的高压架空线路边缘最小水平距离不得小于 2 m。对高压线路应采取防护措施，用非导电材质支搭防护架子及防护网，并悬挂醒目的警告标志牌。

夜间施工时，必须有足够的照明灯具，其距作业面高度不低于 3 m。电源线路应绝缘良好，不得直接固定在钢模板上。

2. 模板安装的规定

（1）安装前审查设计审批手续是否齐全，检查模板结构设计与施工说明中的荷载、计算方法、节点构造是否符合实际情况，是否有安装拆除方案。

（2）对模板施工作业人员进行全面详细的安全技术交底。

（3）模板安装应根据设计与施工说明按顺序拼装。

（4）竖向模板支架支承部分安装在基土上时，应加设垫板；如用钢管做支撑时在垫板上应加钢底座。垫板应有足够强度和支承面积，并应中心承载。基土应坚实，并有排水措施。对湿性黄土应有防水措施；对冻胀性土应有防冻融的措施。

（5）模板及其支架在安装过程中，必须采取有效的防倾覆临时固定措施。

（6）现浇钢筋混凝土梁、板，当跨度大于 4 m 时，模板应起拱；当设计无具体要求时，起拱高度可为全跨长度的 0.1%~0.3%。

（7）现浇多层或高层房屋、构筑物，安装上层模板及其支架应符合下列规定：

①下层楼板应具有承受上层荷载的承载能力或加支架支撑。

②上层支架立柱应对准下层支架立柱，并于立柱底铺设垫板。

③当采用悬臂吊模板、桁架支模方法时，其支撑结构的承载能力和刚度必须符合要求。

（8）当层间高度大于 5 m 时，选用桁架支模或多层支架支模。采用多层支架支模时，支架的横垫板应平整，支柱应垂直，上下层支柱应在同一竖向中心线上，其支柱不得超过两层，并必须待下层形成空间整体后，才能支安上层支架。

（9）模板安装作业高度超过 2 m 时，必须搭设脚手架或平台。

（10）安装模板时，上下应有人接应，随装随运，严禁抛掷，且不得将模板支搭在门窗框上，也不得将脚手板支搭在模板上，不能将模板与井字架、脚手架或操作平台连成一体。

（11）垂直吊运模板时，必须符合下列要求：

①在升、降过程中应设专人指挥，统一信号，密切配合。

②吊运大块或整体模板时，竖向吊运应不少于两个吊点。水平吊运应不少于 4 个吊点。必须使用卡环连接，并应稳起稳落，待模板就位连接牢固后，方可摘除卡环。

③吊运散装模板时，必须码放整齐，待捆绑牢固后方可起吊。

（12）拼装高度为 2 m 以上的竖向模板，不得站在下层模板上拼装上层楼板。安装过程中应设置足够的临时固定设施，若中途停歇，应将已就位的模板固定牢靠。

（13）当承重焊接钢筋骨架和模板一起吊装时，应符合下列要求：

①模板必须固定在承重焊接钢筋骨架的节点上。

②安装钢筋模板组合体时，吊索应按模板设计的吊点位置绑扎。

（14）当支撑呈一定角度倾斜，或其支撑的表面倾斜时，应采取可靠措施确保支点稳定，支撑底脚必须有可靠的防滑移措施。

（15）除设计图另有规定外，所有垂直支架柱应保证其垂直。其垂直允许偏差，当层高不大于 5 m 时为 6 mm，当层高大于 5 m 时为 8 mm。

（16）对梁和板安装二次支撑时，在梁、板上不得有施工荷载，支撑的位置必须准确。安装后所传给支撑或连接件的荷载不应超过其允许值。支架柱或桁架必须有保持稳定的可靠措施。

（17）已安装好的模板上的实际荷载不得超过设计值。已承受荷载的支架和附件，不得随意拆除或移动。

（18）组合钢模板、大模板、滑动模板等安装，均应符合国家现行标准《组合钢模板技术规范》《大模板多层住宅结构设计与施工规程》和《液压滑动模板施工技术规范》的相应规定。

3.液压滑动模板工程的安全技术

滑模施工开工前必须编制专项滑模工程安全施工组织设计（施工方案）并报请上级技术负责人和有关部门及安全技术人员审核后方可实施。

（1）滑动模板安装的安全技术要求

①组装前应对各部件的材质、规格和数量进行详细检查，将不合格部件清除，不得使用。

②模板安装完，必须对其进行全面检查验收，合格签字后，方可进行下一道工序的作业。

③液压控制台在安装前，必须预先做加压试车工作，进行严格检查，确认合格后方可在工程上安装使用。

④滑模的平台应保持水平，不得倾斜，随时用千斤顶调整，使平台始终处于平衡状态。

（2）滑模施工注意事项

①滑升机具和操作平台应严格按照施工设计安装。平台周边必须设 1.2 m 高的防护栏杆，并立挂密目安全网，平台板必须满铺，不得留有空隙。施工区域下面应设安全围栏。

②滑模提升前若为柔性索道运输时，必须先放下吊笼，再放松导索，检查支撑杆有无脱空现象，结构钢筋与操作平台有无挂连，确认无误后方可进行提升。

③操作平台上，不得多人聚集一处，夜间施工应备有手电筒，以便夜间停电时作为应急照明。

④滑升过程中，要随时调整平台水平、中心的垂直度，防止平台扭转和水平位移。

⑤平台内、外吊脚手架使用前，应设置安全网，并将安全网紧靠壁筒。

⑥建筑物、构筑物的出入口和垂直运输的进料口，应搭设高度不低于 2.5 m 的安全防护棚。

⑦滑模施工中应经常与当地气象台、站取得联系，遇有雷、雨及 6 级以上大风时，必须停止施工。操作平台上的作业人员撤离前，应对设备、工具、零散材料进行整理、固定并做好防护。全部人员撤离后应立即切断通向操作平台的电源。

⑧滑模操作平台上的作业人员应定期进行体检，不适合高处作业的人员不得分配其上岗作业，并对操作人员进行专业安全技术培训，考试合格，持证上岗。

4. 台（飞）模板工程

飞模是用来浇筑整间或大面积混凝土楼板的大型工具式模板，其面积较大，还常常附带一个悬挑的外边梁模板及操作平台，对这类模板的设计要充分考虑施工的各个阶段抗倾覆稳定性及结构的强度和刚度，并将组装、吊装、就位、找平、调整固定、绑钢筋、浇筑混凝土等全过程中最不利情况和可能发生的最不利荷载考虑进去（包括板面可能脱落减轻平衡重等不利因素），从而采取针对性的措施。其具体的安全要求如下：

（1）飞模在上人操作（组装过程或找平调整）前，必须把防倾覆的安全链挂牢。

（2）在施工过程中，飞模的板面应与楞条骨架固定牢固，悬挑平台上散落的混凝土应及时清理，堆放的梁模板及其他模板材料荷重不能超过设计规定的荷载。

（3）飞模停放及组装场地应平整夯实，防止地基下沉造成飞模倾覆或变形。飞模应尽量在现场组装，如果现场没有组装条件必须场外组装运输时，一定要绑牢。组装好的飞模在每次周转使用时，应设专人检查维修，发现有螺栓松动或固定不牢时应及时修理。

（4）在飞模周转使用的吊运过程中，模板面上不得有浮搁的材料、零配件及工具，严禁乘人。待就位后，其后端与建筑物进行可靠拉结后，方可上人。

（5）高而窄的飞模架宜加设连杆互相牵牢，防止失稳倾倒。

（6）飞模脱模，向外推出时，后面要挂好安全保险绳，防止飞模突然向外滑出或倾覆，发生伤亡事故。

二、模板拆除

1. 早拆模技术

早拆模是指楼板混凝土强度达到设计强度等级的 50% 以上时，将小跨度（≤ 2.0 m）支撑范围内的模板和水平支承梁及相应部分杆件先期拆除，而小跨度范围内的垂直支柱（撑），则通过支柱上柱头的顶板继续支撑楼板，待楼板混凝土达到拆模强度后再拆除，也称作早拆模板晚拆支柱工艺。本法具有在常温下，混凝土浇筑 3~4 d 后，即可先拆除支承模板，后拆除支柱，而不必待楼板混凝土强度等级达到 75% 以上，因而可大大加快模板的周转，模板用量可节省约 1/3，支柱用量可节省 1/2，支模综合用工可节省 1/2，模板费用比常规方法可节省 50%，同时有便于施工管理等优点。

早拆模的关键是采用早拆柱头，将柱头直接支承模板机构与直接顶着楼板的柱头顶板在构造上分开，以达到早拆模板后拆支柱的目的。其常用构造形式有支撑锁板式、螺旋式和组装式等，其共同点是均设有顶板，用于支承混凝土楼板，设有托梁可以升降，用来支承主梁（龙骨）或模板。当楼板混凝土达到设计强度的 50% 时，将梁托下降，使主梁和模板随之下降，即可进行拆除。

早拆模施工工艺如下：

（1）根据模板设计，先在地面或楼板上弹出支柱位置线；依次装上支柱，调整好高度，安上早拆柱头，并用水平撑和连接件将支柱临时固定。

（2）依次装上主梁、模板块，并调整好模板水平度，最后装好支柱间的斜撑，并将连接件逐个锁紧，直至完成整个面积。经检查验收后，即可绑扎钢筋、浇筑楼板混凝土。

（3）待楼板混凝土强度等级达到 50%，将支柱早拆柱头的梁托降下，使主梁和模板下落，逐块卸下模板块和主梁，拆除水平支撑和斜撑。

（4）待楼板混凝土达到规范要求拆模强度等级后，最后再拆除支柱，即告完成。

2. 模板拆除要求

（1）底模及其支架拆除时的混凝土强度应符合设计要求；当设计无具体要求时，混凝土强度应符合规定。

（2）对后张法预应力混凝土结构构件，侧模宜在预应力张拉前拆除；底模支架的拆除应按施工技术方案执行，当无具体要求时，不应在结构构件建立预应力前拆除。

（3）后浇带模板的拆除和支顶应按施工技术方案执行。

（4）侧模拆除时的混凝土强度应能保证其表面及棱角不受损伤。

（5）模板拆除时，不应对楼层形成冲击荷载。拆除的模板和支架宜分散堆放并及时清运。

3.模板拆除程序及注意事项

（1）拆除程序：

①模板拆除一般是先支的后拆，后支的先拆；先拆非承重部位，后拆承重部位，并做到不损伤构件或模板。

②肋形楼盖应先拆除柱模板，再拆楼板底模、梁侧模板，最后拆梁底模板。拆除跨度较大的梁下支柱时，应先从跨中开始分别拆向两端。

③工具式支模的梁、板模板的拆除，应先拆卡具、顺口方木、侧板，再松动木楔，使支柱、桁架等平稳下降，逐段抽出底模板和横挡木，最后取下桁架、支柱。

④多层楼板模板支柱的拆除：当上层模板正在浇筑混凝土时，下一层楼板的支柱不得拆除，再下一层楼板支柱，仅可拆除部分。对于跨度 4 m 及 4 m 以上的梁，均应保留支柱，其间距不得大于 3 m；其余再下一层楼的模板支柱，当楼板混凝土达到设计强度时，方可全部拆除。

（2）操作要点及注意事项：

①拆除模板不得站在正拆除模板的正下方，或正拆除的模板或支架上。

②模板拆除不得硬撬或用力过猛，不得形成冲击荷载，防止损坏结构和模板。构件脱模应使各部分受力均匀，不损伤构件边角或造成裂缝。

③拆下的模板不得乱丢乱扔，高空脱模要轻轻吊放。木模板要及时起钉、修理，按规格分类堆放。钢模板要及时清除黏结的灰渣；修理、校正变形和损坏的模板及配件，板面应刷隔离剂，背面补涂脱落的防锈漆。

④已拆除的结构，应在混凝土达到设计强度等级后才允许承受全部计算荷载。

⑤预制构件芯模抽出时，不得有向上下、左右偏移和较大的振动，以避免造成孔壁损伤、裂缝或混凝土坍陷、疏松。

三、模板堆放

1. 模板的编序

（1）模板及支撑系统应按使用的不同层次部位和先后顺序进行编序堆放，在周转使用中均应做到配套编序使用。

（2）模板的配制、编号、施工顺序安排，应由专人负责组织设计并管理指导，以便用料合理，安装、拆卸、运输方便，综合利用率高，防止在实际操作中产生乱拖乱用和浪费材料现象。

（3）应加强模板和支撑体系的通用性和模数化，以便编序简单、使用方便。

（4）模板的编号应用醒目的标记标注在模板的背面，并注明规格尺寸、使用部位等。支撑体系的各部件也应分类放置，标注明确，以便按不同需要使用。

（5）对大模板、台模等特殊形式的模板体系，应专门分类编号，并按操作工艺要求顺序放置。

2. 模板的堆放

（1）所有模板和支撑系统应按不同材质、品种、规格、型号、大小、形状分类堆放，应注意在堆放中留出空地或交通道路，以便取用。在多层和高层施工中还应考虑模板和支撑的轴向转运顺序合理化。

（2）木质材料可按品种和规格堆放，钢质模板应按规格堆放，钢管应按不同长度堆放整齐。小型零配件应装袋或集中装箱转运。

（3）模板的堆放一般以平卧为主，对桁架或大模板等部件，可采用立放形式，但必须采取抗倾覆措施，每堆材料不宜过多，以免影响部件本身的质量和转运。

（4）堆放场地要求整平垫高，应注意通风排水，保持干燥；室内堆放应注意取用方便、堆放安全，露天堆放应加遮盖；钢质材料应防水防锈，木质材料应防腐、防火、防雨、防曝晒。

第四节　高处作业安全防护

一、"三宝"与高处作业安全防护

（一）"三宝"

"三宝"是指现场施工作业中必备的安全帽、安全带和安全网。操作工人进入施工现场，首先必须熟练掌握"三宝"的正确使用方法，达到辅助预防的效果。

1. 安全帽

安全帽是用来避免或减轻外来冲击和碰撞对头部造成伤害的防护用品。

①检查外壳是否破损，如有破损分解和削减外来冲击力的性能已减弱或丧失，不可再用。

②检查有无合格帽衬，帽衬的作用在于吸收和缓解冲击力，如果安全帽无帽衬，就失去了保护头部的功能。

③检查帽带是否齐全。

④佩戴前调整好帽衬间距（4~5 cm），调整好帽箍；戴帽后必须系好帽带。

⑤现场作业中，不得随意将安全帽脱下搁置一旁，或当坐垫使用。

2. 安全带

安全带是高处作业工人预防伤亡的防护用品。

①应当使用经质检部门检查合格的安全带。

②不得私自拆换安全带的各种配件，在使用前，应仔细检查各部分构件无破损才能佩系。

③使用过程中安全带应高挂低用，并防止摆动、碰撞，避开尖刺和不接触明火，不能将钩直接挂在安全绳上，一般应挂到连接环上。

④严禁使用打结和继接的安全绳，以防坠落时腰部受到较大冲力伤害。

⑤作业时应将安全带的钩、环牢挂在系留点上，将各卡接扣紧，以防脱落。

⑥在温度较低的环境中使用安全带时，要注意防止安全绳的硬化割裂。

⑦使用后，将安全带、绳卷成盘放在无化学试剂、阳光的场所中，切不可折叠。在金属配件上涂些机油，以防生锈。

⑧安全带的使用期为 3~5 年，在此期间安全绳磨损时应及时更换，如果带子破裂应提前报废。

3. 安全网

安全网是用来防止人、物坠落，或用来避免、减轻坠落及物击伤害的网具

①施工现场使用的安全网必须有产品质量检验合格证，旧网必须有允许使用的证明书。

②根据安装形式和使用目的，安全网可分为平网和立网。施工现场立网不能代替平网。

③安全网安装前必须对网及支撑物（架）进行检查，要求支撑物（架）有足够的强度、刚性和稳定性，且系网处无撑角及尖锐边缘，确认无误时方可安装。

④安全网搬运时，禁止使用钩子，禁止把网拖过粗糙的表面或锐边。

⑤在施工现场安全网的支搭和拆除要严格按照施工负责人的安排进行，不得随意拆毁安全网。

⑥在使用过程中不得随意向网上乱抛杂物或撕坏网片。

⑦安装时，在每个系结点上，将边绳应与支撑物（架）靠紧，并用一根独立的系绳连接，系结点沿网边均匀分布，其距离不得大于 750 mm。系结点应符合打结方便，连接牢固又容易解开，受力后又不会散脱的原则。有筋绳的网在安装时，也必须把筋绳连接在支撑物（架）上。

⑧多张网连接使用时，相邻部分应靠紧或重叠，连接绳材料与网相同，强力不得低于网绳强力。

⑨安装平网应外高里低，以 15° 为宜，网不宜绑的太紧。

⑩安装立网时，安装平面应与水平面垂直，立网底部必须与脚手架全部封严。

⑪要保证安全网受力均匀。必须经常清理网上落物，网内不得有堆积物。

⑫安全网安装后，经专人检查验收合格签字后才能使用。

（二）高处作业安全防护

高处作业是指凡在坠落高度基准面 2 m 以上（含 2 m），有可能坠落的高

处进行的作业。

（1）高处作业的安全技术措施及其所需料具，必须列入工程的施工组织设计。

（2）施工前，应逐级进行安全技术教育及交底，落实所有安全技术措施和人身防护用品，未经落实时不得进行施工。

（3）高处作业中的安全标志、工具、仪表、电气设施和各种设备，必须在施工前进行检查，确认其完好，方能投入使用。

（4）攀登和悬空高处作业人员以及搭设高处作业安全设施的人员，必须经过专业技术培训及专业考试合格，持证上岗，并必须定期进行身体检查。

（5）遇恶劣天气不得进行露天攀登与悬空高处作业。

（6）用于高处作业的防护设施，不得擅自拆除，确因作业需要临时拆除必须经项目经理部施工负责人同意，并采取相应的可靠措施，作业后应立即恢复。

（7）高处作业的防护门设施在搭拆过程中应相应设置警戒区派人监护，严禁上、下同时拆除。

（8）高处作业安全设施的主要受力杆件，力学计算按一般结构力学公式，强度及刚度计算不考虑塑性影响，构造上应符合现行的相应规范的要求。

二、临边作业安全防护

所谓"五临边"，是临边作业的类型。临边作业是施工现场中工作面边沿无围护设施或围护设施高度低于 800 mm 时的高空作业。"五临边"主要包括以下内容：

（1）基坑周边。

（2）尚未安装栏杆或栏板的阳台、料台、挑平台周边。

（3）雨篷与挑檐边；分层施工的楼梯口和梯段边。

（4）无脚手架的屋面与楼层周边；水箱与水塔周边。

（5）井架施工电梯和脚手架等与建筑物通道的两侧边。

三、高险作业安全防护

高险作业安全防护具体说明。

①悬空作业处应有牢靠的立足处，必须视具体情况，配置防护栏网、栏杆或其他安全设施。

②悬空作业所用的索具、脚手板、吊篮、吊笼、平台等设备，均需经过技术鉴定或验证后方可使用。

③高空吊装预应力钢筋混凝土屋架、桁架等大型构件前，应搭设悬空作业中所需的安全设施。

④吊装中的大模板、预制构件以及石棉水泥板等屋面板上，严禁站人和行走。

⑤支模板应按规定的工艺进行，严禁在连接件和支撑件上攀登上下，并严禁在同一垂直面上装、拆模板。支设高度在 3 m 以上的柱模板四周应设斜撑，并应设立操作平台。

⑥绑扎钢筋和安装钢筋骨架时，必须搭设脚手架和马凳。绑扎立柱和墙体钢筋时，不得站在钢筋骨架上或攀登骨架上下。绑扎 3 m 以上的柱钢筋，必须搭设操作平台。

⑦浇注离地 2 m 以上框架、过梁、雨篷和小平台时，应有操作平台，不得直接站在模板或支撑件上操作。

⑧悬空进行门窗作业时，严禁操作人员站在桎子、阳台栏板上操作，操作人员的重心应位于室内，不得在窗台上站立。

⑨特殊情况下如无可靠的安全设施，必须系好安全带并扣好保险钩。

⑩预应力张拉区域应标示明显的安全标志，禁止非操作人员进入。张拉钢筋的两端必须设置挡板。挡板应距所张拉钢筋的端部 1.5~2.0 m，且应高出最上一组张拉钢筋 0.5 m，其宽度应距张拉钢筋外侧各不小于 1 m。

五、交叉作业安全防护

（1）支模、粉刷、砌墙等各工种进行上下立体交叉作业时，不得在同一垂直方向上操作。下层操作必须在上层高度确定的可能坠落半径范围以外，不能满足时，应设置硬隔离安全防护层。

（2）拆除钢模板、脚手架等物件时，下方不得有其他人员操作，并应设专人监护。

（3）钢模板拆除后其临时堆放处应离楼层边沿不应小于1 m，且堆放高度不得超过1 m。楼层边口、通道口、脚手架边缘处，严禁堆放任何拆卸物件。

（4）结构施工自二层起，凡人员进出的通道口（包括井架、施工用电梯的进出通道口），均应搭设安全防护棚。高度超过24 m的层次上的交叉作业，应设双层防护。

第八章 施工机械与用电安全管理

第一节 垂直运输机械

垂直运输机械在建筑施工中承担着施工现场垂直（有时包括水平）方向运输材料、机具、设备及人员的重要任务。垂直运输机械的安全技术是建筑工程安全管理中必不可少的重要环节。垂直运输机械的种类较多，常用的有塔式起重机、物料提升机、施工升降机等，它们都是起重吊装作业中不可缺少的施工机械。

一、塔式起重机

塔式起重机又称塔吊或塔机。在多层和高层建筑施工过程中，利用塔式起重机完成物料提升越来越广泛。塔式起重机的行走方式有行走式和固定式之分，旋转方式有下旋式和上旋式两种，起重臂也有活动臂杆变幅和小车变幅的不同。目前，最常用的是固定式上旋转小车变幅塔式起重机，该机稳定性好、作业幅度大、安全程度高。

塔式起重机机身高，稳定性能比较差，且其安装和拆除频繁，技术要求也较高，这就要求机械操作人员、安装和拆卸人员、机械管理人员等必须全面掌握塔式起重机的技术性能，从思想上引起高度重视，所采取的措施、方法得当，正确掌握安装、拆除和操作等技能，可保证塔式起重机正常运行，确保安全生产。

（一）安装与拆卸管理

1.施工方案

特种设备（塔式起重机、井架、龙门架、施工升降机等）的安拆必须编制具有针对性的施工方案，内容应包括工程概况、施工现场情况、安装前的准备工作及注意事项、安装与拆卸的具体顺序和方法、安装和指挥人员组织、安全技术要求及安全措施等。

2. 装拆企业

①装拆塔式起重机的企业，必须具备装拆作业的资质，并按照装拆塔式起重机资质的等级进行对应塔式起重机的装拆。

②进行塔式起重机装拆的施工企业，必须在施工前编制专项的装拆安全施工组织设计，明确装拆工艺要求，并经过企业技术主管领导的审批。

③施工企业必须建立塔式起重机的装拆专业班组，配有起重工（装拆工）、电工、起重指挥、塔式起重机操纵司机和维修钳工等，根据制订的安全作业措施，由专业队（组）在队（组）长的统一指导下进行，并有相关技术和安全人员在场监护。

④装拆前，必须向全体作业人员进行装拆方案和安全操作技术的书面和口头交底，并履行签字手续。

3. 装拆人员

①装拆塔式起重机属特种作业。参加塔式起重机装拆的人员，必须经过专业培训考核，持特种作业操作证才能上岗。

②装拆人员必须严格按照塔式起重机的装拆方案和操作规程中的有关规定、程序进行装拆。

③装拆作业人员应严格遵守施工现场安全生产的有关制度，正确使用劳保用品。

4. 交付使用

①安装调试完毕，必须进行自检、试车及验收，按照检验项目和要求注明检验结果。检验项目包括特种设备主体结构组合、安全装置的检测、起重钢丝绳与卷筒、吊物平台篮或吊钩、制动器、减速器、电气线路、配重块、空载试验、额定载荷试验、110%的载荷试验、经调试后各部位运转情况、检验结果等。塔式起重机验收合格后，才能交付使用。

②使用前，必须制定特种设备管理制度，包括设备经理的岗位职责、起重机管理员的岗位职责、起重机安全管理制度、起重机驾驶员岗位职责、起重机械安全操作规程、起重机械事故应急措施及救援预案、起重机械安装与拆除安

全操作规程等。

（二）安全使用与管理

①起重机司机属特种作业人员，必须经过专门培训取得操作证。司机学习的塔型应与实际操纵的塔型一致。必须严格执行操作规程，上班前例行保养检查，空载运转检查行走、回转、起重、变幅等各机构的制动器、安全限位、防护装置等，确认正常后方可作业。

②指挥人员必须经过专门培训取得指挥证。高塔作业应结合现场实际改用旗语或对讲机进行指挥。起重机的塔身上不得悬挂标语牌。

③旋臂式起重机的任何部位及被吊物边缘与 10 kV 以下架空线路边线的最小水平距离不得小于 2 m；塔式起重机活动范围应避开高压供电线路，相距应不小于 6 m。当塔吊与架空线路之间小于安全距离时，必须采取防护措施，并悬挂醒目的警告标志牌。

④起重机轨道应进行接地、接签保护。起重机的保护接零和接地线必须分开。起重机电缆不允许拖地行走，应装设具有张紧装置的电缆卷筒，并设置灵敏、可靠的卷线器。

⑤夜间施工时，应装设 36 V 彩色灯泡（或红色灯泡）警示。当起重机作业半径在架空线路上方经过时，线路的上方也应有防护措施。

⑥两台或两台以上塔式起重机靠近作业时，应保证两塔式起重机之间的最小防碰安全距离满足要求。

⑦因施工场地作业条件的限制，不能满足塔式起重机作业安全管理的要求时，应采取项关组织措施和技术措施。例如，对作业及行走路线进行规定，由专设的监护人员进行监督执行；采取设置限位装置、缩短臂杆、升高（下降）塔身等措施，防止误操作起重机而造成超越规定的作业范围，发生碰撞事故。

二、物料提升机

物料提升机包括井式提升架（简称"井架"）、龙门式提升架（简称"龙门架"）、塔式提升架（简称"塔架"）和独杆升降台等。

物料提升机的共同特点如下：

①提升设备采用卷扬机，卷扬机设于架体外。

②安全设备一般有防冒顶、防坐冲和停层等保险装置，只允许用于物料提升，不得载运人员。

③提升机用于 10 层以下时，多采用缆风绳固定；用于超过 10 层的高层建筑施工时，必须采取附墙方式固定，成为无缆风高层物料提升架，并可在顶部设液压顶升构造，实现井架或塔架标准节的自升接高。

物料提升机的制造分两种：一种是由专业的单位生产，另一种是由施工单位自制或改制。

使用专业单位生产的物料提升机时，产品必须通过有关部门组织鉴定，产品的合格证、使用说明书、产品铭牌等必须齐全。产品铭牌必须注明产品型号、规格、额定起重量、最大提升高度、出厂编号、制造单位等。

由施工单位自制或改制的物料提升机必须符合《龙门架及井架物料提升机安全技术规范》（JG l88—2010）中的规定，有设计计算书、制作图纸，并经企业技术负责人审核批准，同时必须编制使用说明书。使用说明书中应明确物料提升机的安装、拆卸工作程序及基础、附墙架、缆风绳的设计、设置等具体要求。

（一）安全装置

1. 安全停靠装置

当吊篮运行到位时，安全停靠装置能可靠地将吊篮定位。此时起升钢丝绳不受力，该装置能承担吊篮自重、额定荷载及运卸料人员和装卸物料时的工作荷载。

2. 断绳保护装置

断绳保护装置就是当吊篮坠落情况发生时，保护装置启动，将吊篮卡在架体上，使吊篮不坠落，避免产生严重的事故。断绳保护装置能可靠地将下坠吊篮固定在架体上，使吊篮最大滑落行程在满载时不得超过 1 m。

3. 吊篮安全门

吊篮的上下料口处装设安全门，此门为自动开启型。当吊篮落地或停层时，安全门能自动打开，而在吊篮升降运行中此门处于关闭状态，成为一个四边都封闭的"吊篮"，以防止所运载的物料从吊篮中滚落。

4. 上极限限位器

上极限限位器是为了防止司机误操作或机械、电气故障而引起吊篮上升高度失控造成事故而设置的安全装置。当吊篮上升达到极限位置时，限位器即行动作，切断电源，使吊篮只能下降，不能上升。

5. 下极限限位器

下极限限位器用于控制吊篮下降的最低极限位置。在吊篮下降到最低限定位置时，即吊篮下降至尚未碰到缓冲器之前，此限位器自动切断电源，并使吊篮在重新启动时只能上升，不能下降。

6. 缓冲器

缓冲器是设置在架体底部坑内，为缓解吊篮下坠或下极限限位器失灵时产生的冲击力的一种装置。该装置应能承受并吸收吊篮满载时和规定速度下所产生的相应冲击力。缓冲器可采用弹簧或弹性实体。

7. 超载限制器

超载限制器是为了保证提升机在额定载重量之内安全使用而设置的。当荷载达到额定荷载时，即发出报警信号，提醒司机和运料人员注意；当荷载超过额定荷载时，应能切断电源，使吊篮不能启动。

8. 通信装置

由于架体高度较高，吊篮停靠楼层数较多，司机不能清楚地看到楼层上人员需要或分辨不清哪层楼面发出信号时，必须装设通信装置。通信装置必须是一个闭路的双向电气通信系统，司机能听到或看清每一站的需求联系，并能与每一站人员通话。

（二）安装与拆卸管理

1. 施工方案与资质管理

①安装或拆卸物料提升机前，安拆单位必须依照产品使用说明书编制专项安装或拆卸施工方案，明确相应的安全技术措施，以指导施工。

②专项安装或拆卸施工方案必须经企业技术负责人审核批准。方案的编制人员必须参加对装拆人员的安全技术交底，并履行签字手续。装拆人员必须持证上岗。

③物料提升机在安装或拆卸过程中，必须指定监护人员进行监护，发现违反工作程序或专项施工方案要求的应立即指出，予以整改，并做好监护记录，

留档存查。

④物料提升机采用租赁形式或由专业施工单位进行安装或拆卸时，其专项安装或拆卸施工方案及相应计算资料须经发包单位技术复审。总包单位对其安装或拆卸过程负有督促落实各项安全技术措施的义务。

⑤使用单位应根据物料提升机的类型，建立相关的管理制度、操作规程、检查维修制度，并将物料提升机的管理纳入设备管理范畴，不得对卷扬机和架体分开管理。

2. 架体的安装

①安装架体时，应将基础地梁（或基础杆件）与基础（或预埋件）连接牢固。每安装两个标准节（一般不大于 8 m），应采取临时支撑或临时缆风绳固定，并进行初校正，在确认稳定时，方可继续作业。

②安装龙门架时，两边立柱应交替进行，每安装两节，除将单支柱进行临时固定外，尚应将两立柱在横向上连成一体。

③利用建筑物内井道做架体时，各楼层进料口处的停靠门必须与司机操作处装设的层站标志灯进行联锁。阴暗处应安装照明设施。

④架体各节点的螺栓必须紧固，螺栓应符合孔径要求，严禁扩孔和开孔，更不得漏装或以铅丝代替。

⑤缆风绳应选用直径不小于 9.3 mm 的圆股钢丝绳。高度在 20 m（含 20 m）以下时，缆风绳不少于 1 组（4~8 根）；高度在 20~30 m 时，缆风绳不少于 2 组。高架必须按要求设置附墙架，间距不大于 9 m。

⑥缆风绳应在架体四角有横向缀件的同一水平面上对称设置，缆风绳与地面的夹角不应大于 60°，其下端应与地锚可靠连接。

3. 卷扬机的安装

①卷扬机应安装在平整坚实的位置上，宜远离危险作业区，视线良好。因施工条件限制，卷扬机的安装位置距施工作业区较近时，其操作棚的顶部应按《龙门架及井架物料提升机安全技术规范》（JGJ 88—2010）中防护棚的要求架设。

②固定卷扬机的锚杆应牢固可靠，不得以树木、电杆代替锚桩。

③当钢丝绳在卷筒中间位置时，架体底部的导向滑轮应与卷筒轴心垂直，

否则应设置辅助导向滑轮，并用地梁、地锚、钢丝绳拴牢。

④钢丝绳在提升运动中应被架起，使其不拖于地面或被水浸泡。钢丝绳必须穿越主要干道时，应挖沟槽并加保护措施，严禁在钢丝绳穿行的区域内堆放物料。

4.架体的拆卸

①在拆除缆风绳或附墙架前，应先设置临时缆风绳或支撑，确保架体的自由高度不大于两个标准节（一般不大于8 m）。

②拆除龙门架的天梁前，应先分别对两立柱采取稳固措施，保证单柱的稳定。

③拆除作业宜在白天进行。夜间作业应有良好的照明。因故中断作业时，应采取临时稳固措施。严禁从高处向下抛掷物件。

（三）安全使用与管理

①物料提升机安装后，应由主管部门组织有关人员按规范和设计要求进行检查验收，确定合格后发放使用证，方可交付使用。

②司机应经专门培训，人员要相对稳定，每班开机前，应对卷扬机、钢丝绳、地锚、缆风绳进行检查，并进行空车运行，确认安全装置安全可靠后方能投入工作。

③每月定期进行一次检查，由有关部门和人员参加，检查内容包括：金属结构有无开焊、锈蚀、永久变形，扣件、螺栓连接的紧固情况，提升机构磨损情况及钢丝绳的完好性，安全防护装置有无缺少、失灵和损坏，缆风绳、地锚、附墙架等有无松动，电气设备的接地或接零情况，断绳保护装置的灵敏度试验等。

④严禁人员攀登、穿越提升机架体和乘坐吊篮上下。

⑤物料在吊篮内应均匀分布，不得超出吊篮，严禁超载使用。

⑥设置灵敏可靠的联系信号装置，司机在通信联络信号不明时不得开机，作业中不论任何人发出紧急停车信号，均应立即执行。

⑦装设摇臂把杆的提升机，吊篮与摇臂把杆不得同时使用。

⑧提升机在工作状态下，不得进行保养、维修、排除故障等工作。若要进行则应切断电源并在醒目处挂"有人检修，禁止合闸"的标志牌，必要时应设

专人监护。

⑨作业结束时，司机应降下吊篮，切断电源，锁好控制电箱门，防止其他无证人员擅自启动提升机。

三、起重吊装安全技术

起重吊装包括结构吊装和设备吊装。起重吊装作业属高处危险作业，作业条件多变，专业性强，施工技术也比较复杂。因此，应从施工作业各方面采取相应的安全技术措施，以保证起重吊装作业的安全。

1. 施工方案

施工前应根据工程实际编制专项施工方案。专项施工方案的内容包括现场环境、工程概况、施工工艺、起重机械的选型依据、起重拔杆的设计计算、地锚设计、钢丝绳及索具的设计选用、地耐力及道路的要求、构件堆放就位图，以及吊装过程中的各种安全防护措施及应急救援预案等。

专项施工方案必须针对工程状况和现场实际，具有指导性，并经上级技术部门审批确认符合要求。超规模的起重吊装作业，应组织专家对专项施工方案进行论证。

2. 起重机械

①起重机械按施工方案要求选型，运到现场重新组装后应进行试运转和验收，确认符合要求并有记录、签字。

②起重机械应按规定安装荷载限制器及行程限位装置，荷载限制器、行程限位装置应灵敏可靠。安全装置应按说明书规定进行检查，符合要求后方可使用。

③起重拔杆的选用应符合作业工艺要求，拔杆的规格尺寸通过设计计算确定，其设计计算应按照有关规范标准进行并经上级技术部门审批。

④拔杆选用的材料、截面以及组装形式，必须按设计图纸要求进行，组装后应经有关部门检验确认符合要求，并应由责任人签字。

⑤拔杆与钢丝绳、滑轮、卷扬机等组合后，应先进行检查、试吊，确认符合设计要求，并做好试吊记录。

3. 钢丝绳与地锚

①钢丝绳的结构形式、规格、强度等应符合机型要求。钢丝绳在卷筒上要连接牢固并按顺序整齐排列。起重钢丝绳的磨损、断丝按《起重机械安全规程》（GB6067—2010）的要求，定期检查、报废。

②拔杆滑轮及地面导向滑轮的选用应与钢丝绳的直径相适应，滑轮直径与钢丝绳直径的比值不应小于15；各组滑轮必须用钢丝绳牢靠固定，滑轮出现翼缘破损等缺陷时应及时更换。

③缆风绳使用的钢丝绳，其安全系数 K 应大于或等于 3.5 规格应符合施工方案要求。缆风绳应与地锚牢固连接。

④地锚的埋设方法应经计算确定，地锚的位置及埋深应符合施工方案要求和拔杆作业时的实际角度。移动拔杆时，必须使用经过设计计算的正式地锚，不准随意拴在电线杆、树木和构件上。

4. 吊点与索具

①根据重物的外形、重心及工艺要求选择吊点，并在方案、中进行规定。吊点一般应与重物的重心在同一垂直线上，当采用几个吊点起吊时，应使各吊点的合力作用点在重物重心的位置之上，使重物在吊装过程中始终保持稳定位置。

②当构件无吊鼻需用钢丝绳捆绑时，必须对棱角处采取保护措施，防止切断钢丝。

③当索具采用编结连接时，编结长度不应小于15倍的绳径，且不应小于300 mm；当采用绳夹连接时，绳夹规格应与钢丝绳相匹配，绳夹数量、间距应符合规范要求。

④吊索规格应互相匹配，机械性能应符合设计要求。钢丝绳做吊索时，其安全系数 K 为 6~8。

5. 作业人员

①起重机司机属特种作业人员，应经正式培训考核并取得合格证书。合格证书或培训内容必须与司机所驾驶起重机类型相符。

②起重机作业应设专职信号指挥和司索人员，一人不得同时兼顾信号指挥和司索作业。吊装作业若在高处，必须专门设置信号传递人员，以确保司机清晰、准确地看到和听到指挥信号。

③作业前应按规定进行技术交底，并应有交底记录。

6. 作业环境

①起重机作业区路面的地耐力应符合该机说明书的要求，并应对相应的地耐力报告结果进行审查。作业道路应平整坚实，一般情况下，纵向坡度不大于3%，横向坡度不大于1%。起重机行驶或停放时，应与沟渠、基坑保持 5 m 以上距离，且不得停放在斜坡上。

②起重机与架空线路安全距离应符合规范要求。

7. 起重吊装

①当多台起重机同时起吊一个构件时，必须随时掌握起重机起升的同步性，单机负载不得超过该机额定起重量的80%。

②不得起吊埋于地下、粘在地面及其他物体上的重物。

③起重机作业时，任何人不应停留在起重臂下方，被吊物不应从人的正上方通过。

④起重机不能采用吊具运载人员；当吊运易散落物件时，应使用专用吊笼。

⑤起重机首次起吊或重物重量变换后首次起吊时，应先将重物吊离地面200~300 mm 后停住，检查起重机的工作状态，在确认起重机稳定、制动可靠、重物吊挂平衡牢固后，方可继续起升。

8. 高处作业

①起重吊装在高处作业时，应按规定设置安全措施，防止高处坠落。屋架吊装以前，应预先在下弦挂设安全网，吊装完毕后即将安全网铺设固定。

②吊装作业人员在高空移动和作业时必须系牢安全带，安全带悬挂点应可靠，并应高挂低用。

③作业人员上下应有专用爬梯或斜道，不允许攀爬脚手架或建筑物。爬梯的制作和设置应符合高处作业规范关于攀登作业的规定。

④应按规定设置高处作业平台，作业平台应有搭设方案，临边应设置防护栏杆和封挂密目网。平台强度、护栏高度应符合规范要求。

9. 构件码放

①构件码放荷载应在作业面承载能力允许的范围内平稳堆放，底部按设计位置设置垫木。

②大型构件码放应有保证稳定的措施。如屋架、大梁等，除在底部设垫木外，还应在两侧加设支撑，或将几榴大梁用方木、铁丝连成一体，提高其稳定性，侧向支撑沿梁长度方向不得少于 3 道。墙板堆放架应经设计计算确定，并确保地面满足抗倾覆要求。

③构件码放高度应在规定的允许范围内。楼板堆放高度一般不应超过1.6 m，柱子叠放高度不超过2层，梁高不超过3层，大型屋面板、多孔板为6~8层，钢屋架不超过 3 层。各层的支撑垫木应在同一垂直线上，各堆放构件之间应留不小于 0.7 m 宽的通道。

10. 警戒监护

①起重吊装作业前，应根据施工组织设计要求划定危险作业区域（警戒区），设置醒目的警示标志，防止无关人员进入。

②除设置标志外，还应视现场作业环境专门设置监护人员，防止高处作业或交叉作业时造成的落物伤人。

第二节　常用施工机具

一、木工机具

木工机具种类繁多，这里仅介绍平刨和圆盘锯的安全技术，使用其他施工机具时，可参照类似情况考虑。

（一）平刨

木工刨床是专门用来加工木料表面（如表面的整直、修光、刨平等）的机具。木工刨床分平刨床和压刨床两种。平刨床又分手压平刨床和直角平刨床；压刨床分单面压刨床、双面压刨床和四面刨床三种。目前平刨使用最为广泛。

1. 可能存在的安全隐患

①由于木质不均匀，其节疤或倒丝纹的硬度超过周围木质的几倍，刨削过程中碰到在节疤时，其切削力也相应增加几倍，使得两手推压木料原有的平衡突然被打破，木料弹出或翻倒。若操作人员的两手仍按原来的方式施力则可能伸进刨口，手指被切去。

②加工的木料过短，木料长度小于 250 mm。

③传动部位无防护罩。

④操作人员违章操作或操作方法不正确。

2. 安全措施与要求

①平刨进入施工现场前，必须经过建筑安全管理部门验收，确认符合要求时，发给准用证或有验收手续方能使用。设备上必须挂合格牌。

②必须使用圆柱形刀轴，绝对禁止使用方轴。刨刀刃口伸出量不能超过外径 1.1 mm，刨口开口量不得超过规定值。

③手压平刨必须有安全防护装置（护手安全装置及传动部位防护罩），操作前应检查各机械部件及安全防护装置是否松动或失灵，并检查刨刃锋利程度，经试车 1~3 min 后才能进行正式工作，若刨刃已钝，应及时调换。

④刨削工件最短长度不得小于刨口开口量的 4 倍，在刨较短、较薄的木料时，应用推板去推压木料；长度不足 400 mm 或薄而窄的小料不得用手压刨。

⑤刨削前，必须仔细检查木料有无节疤和铁钉，如有，须用冲头冲进去。操作时左手压住木料，右手均匀推进，不要猛推猛拉，切勿将手指按于木料侧面；刨料时，先刨大面当作标准面，然后再刨小面。两人同时操作时，须待其中一人将木料推过刨刃 150 mm 以外，另一人方可在对面接手。

⑥刨削过程中如感到木料振动太大，送料推力较大时，说明刨刀刃口已经磨损，必须停机，更换锋利的刨刀。

⑦开机后切勿立即送料刨削，一定要等到刀轴运转平稳后方可进行刨削。操作人员衣袖要扎紧，不准戴手套。

⑧施工现场应设置木工平刨作业区，并搭设防护棚。若作业区位于塔吊作业范围之内，应搭设双层防坠棚，在施工组织设计中予以标识。同时，木工棚内须落实消防措施、安全操作规程及其责任人。

⑨机械运转时，不得进行维修，更不得移动或拆除护手装置。

（二）盘锯

圆盘锯又称为圆锯机，是应用很广的木工机具，由床身、工作台和锯轴组成。

1. 可能存在的安全隐患

①圆锯片在装上锯床之前未校正中心，使得圆锯片在锯切木材时仅有一部

分锯齿参加工作,工作锯齿因受力较大而变钝,容易引起木材的飞掷。

②锯片有裂缝、凹凸、歪斜等缺陷,锯齿折断使得圆锯片在工作时发生撞击,引起木材飞掷及圆锯本身破裂等。

③传动皮带防护不严密。

④护手安全装置残损。

2.安全措施与要求

①圆盘锯进入施工现场前,必须经过建筑安全管理部门验收,确认符合要求,发给准用证或有验收手续方能使用。设备上必须挂合格牌。

②操作前,应检查机械是否完好,电器开关等是否良好,熔丝是否符合规格,并检查锯片是否有断、裂现象,并装好防护罩,运转正常后方能投入使用。

③锯片必须平整,不准安装倒顺开关,锯口要适当,锯片要与主动轴匹配、紧牢,不得有连续断齿,裂纹长度不得超过 20 mm,有裂纹时应在其末端冲上裂孔,以阻止其裂纹进一步发展。

锯片上方必须安装安全防护罩、挡板、松口刀,皮带传动处应有防护罩。

④操作时,操作人员应戴安全防护眼镜;应站在锯片左面的位置,不应与锯片站在同一直线上,以防止木料弹出伤人。

⑤木料锯到接近端头时,应由下手拉料进锯,上手不得用手直接送料,应用木板推送。锯料时,不准将木料左右搬动或高抬;送料时不宜用力过猛,遇木节要减慢进锯速度,以防木节弹出伤人。

⑥锯短料时,应使用推棍,不准直接用手推进,进料速度不得过快,下手接料必须使用刨钩。剖短料时,料长不得小于锯片直径的 1.5 倍,料高不得大于锯片直径的 1/3。截料时,截面高度不准大于锯片直径的 1/3。

⑦锯线走偏时,应逐渐纠正,不准猛扳。锯片运转时间过长,温度过高时,应用水冷却,直径 600 mm 以上的锯片应喷水冷却。

⑧木料卡住锯片时,应立即停车处理。

⑨用电应符合规范要求,采用三级配电二级保护,三相五线保护接零系统,并定期进行检查,设置漏电保护器并确保有效。

⑩操作开关必须采用单向按钮开关,无人操作时必须断开电源。

二、钢筋加工机械

（一）钢筋加工机械的种类

钢筋工程包括钢筋基本加工（除锈、调直、切断、弯曲），钢筋冷加工，钢筋焊接、绑扎和安装等工序。在工业发达国家的现代化生产中，钢筋加工则由自动生产线连续完成。钢筋机械主要包括电动除锈机、机械调直机、钢筋切断机、钢筋弯曲机、钢筋对焊机、钢筋冷加工机具（如冷拉机具、拔丝机）等。

（二）安全措施与要求

1. 钢筋除锈机

①使用电动除锈机前，要检查钢丝刷固定螺丝有无松动，检查封闭式防护罩装置及排尘设备的完好情况，防止发生机械伤害。

②使用移动式除锈机，要注意检查电气设备的绝缘及接地是否良好。

③操作人员要将袖口扎紧，戴好口罩、手套等防护用品，特别要戴好安全保护眼镜，防止侧盘钢丝刷上的钢丝甩出伤人。

④送料时，操作人员要侧身操作，严禁除锈机的正前方站人；长料除锈时，需两人互相配合。

2. 钢筋调直机

直径小于 12 mm 的盘状钢筋使用前，必须经过放圈、调直工序；局部曲折的直条钢筋，也需调直后使用。这种工作一般利用卷扬机完成。工作量较大时，采用带有剪切机构的自动矫直机，不仅生产率高、体积小、劳动条件好，而且能够同时完成钢筋的清刷、矫直和剪切等工序，还能矫直高强度钢筋。钢筋调直机使用时应注意：

①用机械冷拉调直钢筋时，必须将钢筋卡紧，防止断折和脱扣。机械的前方必须设置铁板加以防护。

②机械开动后，人员应站在两侧 1.5 m 以外，不准靠近钢筋行走，防止钢筋断折或脱扣弹出伤人。

3. 钢筋切断机

钢筋的切断方法视钢筋直径大小而定，直径 20 mm 以下的钢筋用手动机床切断，大直径的钢筋则必须用专用机械——钢筋切断机来切断。

钢筋切断机有固定刀片和活动刀片。活动刀片装在滑块上，靠偏心轮轴的转动获得往复运动，装在机床内部的曲轴连杆机构推动活动刀片切断钢筋。这种切断机生产率约为每分钟切断 30 根，直径 40 mm 以下的钢筋均可切断。切割直径 12 mm 以下的钢筋时，每次可切 5 根。机械切断操作的安全要求如下：

①切断机切断钢筋时，断料的长度不得小于 1 m。一次切断的根数，必须符合机械的性能，严禁超量切割。

②切断直径 12 mm 以上的钢筋时，需两人配合操作。人与钢筋要保持一定距离，并应把稳钢筋。

③断料时，料要握紧，在活动刀片向后退时将钢筋送进刀口，防止钢筋末端摆动或钢筋蹦出伤人。

④不要在活动刀片向前推进时向刀口送料，避免发生机械或人身安全事故。

4.钢筋弯曲机

①机械正式操作前，应检查机械各部件，并进行空载试运转，正常后方能正式操作。

②操作时，注意力要集中，要熟悉工作盘旋转的方向，钢筋放置要与挡架、工作盘旋转方向相配合，不能放反。

③操作时，钢筋必须放在插头的中下部，严禁弯曲超截面尺寸的钢筋，回转方向必须准确，手与插头的距离不得小于 200 mm。

④机械运行过程中，严禁更换芯轴、销子和变换角度等，不准加油和清扫。

⑤转盘换向必须待停机后再进行。

5.钢筋对焊机

钢筋对焊的原理是利用对焊机产生的强电流，使钢筋两端在接触时产生热量，待钢筋端部出现熔融状态时，通过对焊机加压顶锻，将钢筋连接成一体。焊机操作的安全要求如下：

①焊工必须经过专门安全技术和防火知识培训，经考核合格，持证者方能独立操作；徒工操作必须有师傅带领指导，不准独立操作。

②焊工施焊时，必须穿戴白色工作服、工作帽、绝缘鞋、手套、面罩等，并要时刻预防电弧光伤害；要及时通知周围无关人员离开作业区，以防伤害

眼睛。

③钢筋焊接工作房应采用防火材料搭建，焊接机械四周严禁堆放易燃物品，以免引起火灾。工作棚内应备有灭火器材。

④遇六级以上大风天气时，应停止高处作业；雨、雪天应停止露天作业；雨雪后，应先清除操作地点的积水或积雪，否则不准作业。

⑤进行大量焊接生产时，焊接变压器不得超负荷，变压器温度不得超过60 ℃。为此，要特别注意遵守焊机暂载率规定，以免过分发热而损坏。

⑥焊接过程中，如发生焊机有不正常响声，变压器绝缘电阻过小，导线破裂、漏电等，应立即停止使用，进行检修。

⑦焊机断路器的接触点、电极（铜头）等要定期检修，冷却水管应保持畅通，不得漏水和超过规定温度。

三、搅拌机

（一）搅拌机的分类

搅拌机是用于拌制砂浆及混凝土的施工机械，在建筑施工中应用非常广泛。它以电为动力，机械传动方式有齿轮传动和皮带传动，以齿轮传动为主。搅拌机种类较多，根据用途的不同分为砂浆搅拌机和混凝土搅拌机（也可用于拌制砂浆）两类，根据工作原理分为自落式和强制式两类。

（二）搅拌机安全措施

1. 可能存在的安全隐患

①临时施工用电不符合规范要求，缺少漏电保护或保护失效。

②机械设备在安装、防护装置上存在问题。

③施工人员违反操作规程。

2. 安全措施与要求

①搅拌机使用前，必须经过建筑安全管理部门验收，确认符合要求，发给准用证或有验收手续方能使用。设备应挂上合格牌。搅拌机安全操作规程应悬挂在墙上，明确设备责任人，定期进行安全检查、设备维修和保养。

②安装场地应平整、夯实，机械安装要平稳、牢固。

③各类搅拌机（除反转出料搅拌机外）均为单向旋转进行搅拌，接电源时应注意搅拌筒转向要与搅拌筒上的箭头方向一致。

④开机前，先检查电气设备的绝缘和接地（采用保护接地时）是否良好，传动部位皮带轮的保护罩是否完整。

⑤工作时，先启动机械进行试运转，待机械运转正常后再加料搅拌，要边加料边加水；遇中途停机、停电时，应立即将料卸出，不允许中途停机后再重载启动。

⑥砂浆搅拌机加料时，不准用脚踩或用铁锹、木棒在筒口往下拨、刮拌和料，工具不能碰撞搅拌叶，更不能在转动时把工具伸进料斗里扒浆。搅拌机料斗下方不准站人；停机时，起斗必须挂上安全钩。

⑦常温施工时，机械应安放在防雨棚内。若机械设置在塔吊运转作业范围内，必须搭设双层安全防坠棚。

⑧操作手柄应有保险装置，料斗应有保险挂钩。严禁非操作人员开动机械。

⑨作业后要进行全面冲洗，筒内料要出净，料斗降落到坑内最低处。

四、手持电动工具

在建筑施工中，手持电动工具常用于木材的锯割、钻孔、刨光和磨光加工及混凝土浇筑过程中的振捣作业等。

（一）安全措施与要求

手持电动工具的安全隐患主要存在于电器方面，易发生触电事故。其相关安全措施与要求如下：

①手持电动工具使用前，必须经过建筑安全管理部门验收，确定符合要求，发给准用证或有验收手续方能使用。设备应挂上合格牌。

②一般场所选用Ⅱ类手持式电动工具时，应装设额定动作电流不大于15 mA，额定漏电动作时间小于0.1 s的漏电保护器。采用Ⅰ类（额定动作电流不大于30 mA）手持电动工具时，还必须做保护接零，并按规定穿戴绝缘用品或站在绝缘垫上。

③手持电动工具的负荷线必须采用耐气候型的橡皮护套铜芯软电缆，并不得有接头。电源进线长度应控制在标准范围，以符合不同的使用要求。

④手持电动工具的外壳、手柄、负荷线、插头、开关等必须完好无损，使用前必须做空载试验，运转正常方可投入使用。

⑤电动工具使用中不得任意调换插头，更不能将导线直接插入插座内。当不用电动工具或需调换工作头时，应及时拔下插头，但不能拉着电源线拔插头。插插头时，开关应在断开位置，以防突然启动。

⑥使用电动工具的过程中要经常检查，如发现绝缘损坏、电源线或电缆护套破裂、接地线脱落、插头插座开裂、接触不良及断续运转等故障时，应立即修理，否则不得使用。

⑦电动工具不宜在含有易燃、易爆或腐蚀性气体及潮湿等的特殊环境中使用，应将其存放于干燥、清洁和没有腐蚀性气体的环境中。对于非金属壳体的电机、电器，存放和使用时应避免与汽油等溶剂接触。

⑧长期搁置未用的电动工具，使用前必须用 500 V 兆欧表测定绕阻与机壳之间的绝缘电阻值，应不得小于 7 M，否则须进行干燥处理。

五、其他机具

1. 打桩机械

桩基础是建筑物及构筑物的基础形式之一，当天然地基的强度不能满足设计要求时，往往采用桩基础。桩基础通常由若干根单桩组成，在单桩的顶部用承台连接成一个整体，构成桩基础。桩的施工机械种类繁多，配套设施也较多，施工安全问题主要涉及用电、机械、安全操作、空中坠物等。

桩基工程施工所用的机械主要是打桩机械（简称桩机）。桩机一般由桩锤、桩架及动力装置组成。桩锤的作用是对桩施加冲击，将桩打入土中；桩架的作用是将桩吊到打桩位置，并在打入过程中引导桩的方向，保证桩沿着所要求的方向冲击；动力装置及辅助设备的作用是驱动桩锤，辅助打桩施工。这里简单介绍桩机的施工安全措施与要求。

①桩机使用前，必须经过建筑安全管理部门验收，确认符合要求，发给准用证或有验收手续方能使用。设备应挂上合格牌。打桩安全操作规程应上牌，并认真遵守，明确责任人。具体操作人员应经培训教育和考核合格，持证并经安全技术交底后，方能上岗作业。

②打桩作业要有施工方案，桩机使用前应全面检查机械及相关部件，并进行空载试运转，严禁设备带"病"工作。

③各种桩机的行走道路必须平整坚实，以保证移动桩机时的安全。

④临时施工用电应符合规范要求，启动电压降一般不超过额定电压的10%，否则要加大导线截面。

⑤雨天施工时，电机应有防雨措施；遇到大风、大雾和大雨时，应停止施工。

⑥设备应定期进行安全检查和维修保养。

⑦打桩机应设有超高限位装置。高处检修时，不得向下乱丢物件。

2. 翻斗车

①施工现场用于运料的翻斗车，在行驶前应检查锁紧装置，并将料斗锁牢，不得在行驶时掉斗。行驶时，应从一挡起步，不得用离合器处于半结合状态来控制车速。上坡时若路面不良或坡度较大，应提前换入低挡行驶；下坡时严禁空挡滑行；转弯时应减速；急转弯时应换入低挡。翻斗制动时，应逐渐踏下制动踏板，并避免紧急制动。停车时，应选择合适地点，不得在坡道上停车。冬季应采取防止车轮与地面冻结的措施。

②在坑沟边缘卸料时，应设置安全挡块，车辆接近坑边时应减速行驶，不得剧烈冲撞挡块。

③严禁料斗内载人，料斗不得在卸料情况下行驶或进行平地作业。

④内燃机运转或料斗内载荷时，严禁在车底下进行任何作业。

⑤操作人员离机时，应将内燃机熄火，并摘挡拉紧手制动器。

⑥作业后，应对车辆进行清洗，清除砂土及混凝土等黏结在料斗和车架上的污渍。

3. 气瓶

①焊接设备的各种气瓶均应有不同的安全色标，一般情况下，氧气瓶为天蓝色瓶配黑字，乙炔瓶为白色瓶配红字，氢气瓶为绿色瓶配红字，液化石油气瓶为银灰色瓶配红字。

②不同种类的气瓶，瓶与瓶之间的间距不小于 5 m，气瓶与明火距离不小于 10 m。当不满足安全距离要求时，应用非燃烧体或难燃烧体砌成的墙进行隔

离防护。

③乙炔瓶使用或存放时只能直立，不能平放。乙炔瓶瓶体温度不能超过40 ℃。

④施工现场的各种气瓶应集中存放在具有隔离措施的场所，存放环境应符合安全要求，管理人员应经培训，存放处有安全规定和标志。班组使用过程中的零散存放，不能存放在住宿区和靠近油料及火源的地方。存放区应配备灭火器材。氧气瓶与其他易燃气瓶（如乙炔瓶等）、油脂和其他易燃易爆物品应分别存放，且不得同车运输。

⑤使用和运输应随时检查气瓶防震圈的完好情况，为保护瓶阀，应装好气瓶防护帽。

⑥禁止敲击、碰撞气瓶，以免损伤和损坏气瓶。

⑦夏季要防止阳光暴晒；冬天瓶阀冻结时，宜用热水或其他安全的方式解冻，不准用明火烘烤，以免气瓶材质的机械特性变坏和气瓶内压增高。

⑧瓶内气体不能用尽，必须留有剩余压力。可燃气体和助燃气体的余压宜留 0.49 MPa 左右，其他气体气瓶的余压可低一些。

⑨不得用电磁起重机搬运气瓶，以免失电时气瓶从高空坠落而致气瓶损坏和爆炸。

⑩盛装易起聚合反应气体的气瓶，不得置于有放射性射线的场所。

第三节　施工用电安全管理

一、施工用电方案

（一）施工用电方案设计的基本原则

为保证施工现场临时用电的安全，要求施工用电设备数量在 5 台以下或设备总容量在 50 kW 以下时，制订符合规范要求的安全用电和电气防火措施；施工用电设备数量在 5 台以上或设备容量在 50 kW 及以上时，编制用电施工组织设计（施工用电方案），并由主管部门审核后实施。制订施工用电方案时应遵循一些基本原则。

1.采用三级配电系统

（1）一级配电设施（总配电箱）。一级配电设施起总切断、总保护、平衡用电设备相序和计量的作用。应配置具备熔断并起切断作用的总隔离开关；在隔离开关的下面应配置漏电保护装置，经过漏电保护后支开用电回路，也可在回路开关上加装漏电保护功能；根据用电设备容量，配置相应的互感器、电流表、电压表、电度计量表、零线接线排和地线接线排等。

（2）二级配电设施（分配电箱）。二级配电设施起分配电总切断的作用。应配置总隔离开关、各用电设备前端的二级回路开关、零线接线排和地线接线排等。

（3）三级配电设施（开关箱）。三级配电设施起施工用电系统末端控制的作用，也就是单台用电设备的总控制，即一机一闸控制，应配置隔离开关、漏电保护开关和接零、接地装置。

2.采用 TN-S 接零保护系统

"T"表示电力系统中有一点（中性点）接地，"N"表示电气装置的外露可导电部分与电力系统的接地点（中性点）直接连接，"S"表示中性线和保护线是分开的。TN-S 系统是指电源系统有一直接接地点，负荷设备的外漏导电部分通过保护导体连接到此接地点的系统，即采取接零保护的系统。TN-S系统把工作零线 N 和专用保护接地线 PE 严格分开，系统正常运行时，专用保护线上没有电流，只是工作零线上有不平衡电流。PE 线对地没有电压，因此电气设备金属外壳接零保护是接在专用的保护线 PE 上，安全可靠。

（二）施工用电方案设计的内容

施工用电方案设计的主要内容包括用电设计的原则，配电设计，用电设施管理和批准，施工用电工程的施工、验收和检查等。安全技术档案的建立、管理和内容等视作用电设计的延伸。具体设计内容包括：

①统计用电设备容量，进行负荷计算；

②确定电源进线，变电所或配电室、配电装置、用电设备位置及线路走向；

③选择变压器，设计配电系统；

④设计配电线路，选择导线或电缆；

⑤设计配电装置，选择电气元件；

⑥设计接地装置；

⑦绘制临时用电工程图纸，主要包括施工现场用电总平面图、配电装置布置图、配电系统接线图、接地装置设计图等；

⑧设计防雷装置，确定防护措施；

⑨制订安全用电措施和电气防火措施，施工现场安全用电管理责任制，临时用电工程的施工、验收和检查制度等。

（三）施工现场临时用电的一般规定

考虑到用电事故的发生概率与用电设计，设备的数量、种类、分布及负荷大小有关，施工现场临时用电应符合以下要求：

①各施工现场必须设置一名电气安全负责人，电气安全负责人应由技术好、责任心强的电气技术人员或工人担任，责任是负责该现场日常安全用电管理。

②施工用电应定期检测。施工现场的一切电气线路、用电设备的安装和维护必须由持证电工负责，并严格执行施工组织设计的规定。

③施工现场视工程量的大小和工期长短，必须配备足够的（不少于两名）持有市、地级劳动安全监察部门核发电工证的电工。定期对施工现场电工和用电人员进行安全用电教育培训和技术交底。

④施工现场使用的大型机电设备，进场前应通知主管部门鉴定合格后才允许运进施工现场安装使用，严禁不符合安全要求的机电设备进入施工现场。

⑤一切移动式电动机具（如潜水泵、振动器、切割机、手持电动机等）机身必须写上编号，检测绝缘电阻，检查电缆外绝缘层、开关、插头及机身是否完整无损，并列表报主管部门检查合格后才允许使用。

⑥施工现场严禁使用明火电炉（包括电工室和办公室）、多用插座及分火灯头，220 V 的施工照明灯具必须使用护套线。

⑦施工现场应设专人负责临时用电的安全技术档案管理工作，定期经项目负责人检验签字。临时用电安全技术档案应包括临时用电施工组织设计、临时用电安全技术交底、临时用电安全检测记录、电工维修工作记录等。

二、施工现场临时用电设施及防护技术

1. 外电防护

在建工程不得在高低压线路下方施工，搭设作业棚和生活设施、堆放构件和材料等。在架空线路一侧施工时，在建工程（含脚手架）的外缘应与架空线路边线之间保持安全操作距离。

①上下脚手架的斜道不宜设在有外电线路的一侧。

②起重机的任何部位或被吊物边缘与 10 kV 以下的架空线路边缘的最小距离不得小于 2 m。

③施工现场开挖非热管道沟槽的边缘与埋地外电缆沟槽之间的距离不得小于 0.5 m。

④施工现场不能满足规定的最小距离时，必须按现行行业规范规定搭设防护设施并设置警告标志。在架空线路侧或上方搭设或拆除防护屏障等设施时，必须停电后作业，并设监护人员。

2. 配电线路

①架空线路宜采用木杆或混凝土杆。混凝土杆不得露筋，不得有环向裂纹和扭曲；木杆不得腐朽，其梢径不得小于 130 mm。

②架空线路必须采用绝缘铜线或铝线，且必须经横担和绝缘子架设在专用电杆上。架空导线截面应满足计算负荷、线路末端电压偏移（不大于 5%）和机械强度要求。严禁将架空线路架设在树木或脚手架上。

③施工用电电缆线路应采用埋地或架空敷设，不得沿地面明设；埋地敷设深度不应小于 0.6 m，并应在电缆上下各均匀铺设不少于 50 mm 的细沙后再铺设破等硬质保护层；电缆线路穿越建筑物、道路等易受损伤的场所时，应另加防护套管；架空敷设时，应沿墙或电杆做绝缘固定，电缆最大弧垂处距地面不得小于 2.5 m。在建工程内的电缆线路应采用电缆埋地穿管引入，沿工程竖井、垂直孔洞等逐层固定，电缆水平敷设高度不应小于 1.8 m。

④架空线敷设高度应满足下列要求：距施工现场地面不小于 4 m；距机动车道不小于 6 m；距铁路轨道不小于 7.5 m；距暂设工程和地面堆放物顶端不小于 2.5 m；距交叉电力线路 0.4 kV 线路不小于 1.2 m，10 kV 线路不小于 2.5 m。

⑤照明线路的每一个单项回路上，灯具和插座数量不宜超过 25 个，并应装设熔断电流为 15 A 及以下的熔断保护器。

3. 接地与防雷措施

人身触电事故一般分为两种情况：一是人体直接触及或过分靠近电气设备的带电部分；二是人体碰触平时不带电却因绝缘损坏而带电的金属外壳或金属架构。针对这两种人身触电情况，必须从电气设备本身采取措施，并从工作中采取妥善地保证人身安全的技术措施和组织措施，如搭设防护遮栏、栅栏等属于从电气设备本身采取的防止直接触电的安全技术措施。

（1）保护接地和保护接零。电气设备的保护接地和保护接零是防止人身触电及绝缘损坏的电气设备所引起的触电事故而采取的技术措施。接地和接零保护方式是否合理，关系到人身安全，影响供电系统的正常运行。因此，正确运用接地和接零保护是电气安全技术中的重要内容。

其中，保护零线应符合下列规定：保护零线应自专用变压器、发电机中性点处，或配电室、总配电箱进线处的中性线（N 线）上引出；保护零线的统一标志为绿/黄双色绝缘导线，任何情况下不得使用绿/黄双色线做负荷线；保护零线（PE 线）必须与工作零线（N 线）相隔离，严禁保护零线与工作零线混接、混用；保护零线上不得装设控制开关或熔断器；保护零线的截面不应小于对应工作零线截面；与电气设备相连接的保护零线应采用截面不小于 2.5m m^2 的多股绝缘铜线；保护零线的重复接地点不得少于 3 处，应分别设置在配电室或总配电箱处，以及配电线路的中间处和末端处。

（2）基本保护系统。施工用电应采用中性点直接接地的 380/220 V 三相五线制低压电力系统，其保护方式应符合下列规定：施工现场由专用变压器供电时，应将变压器低压侧中性点直接接地，并采用 TN-S 接零保护系统；施工现场由专用发电机供电时，必须将发电机的中性点直接接地，并采用 TN-S 接零保护系统，且应独立设置；当施工现场直接由市电（电力部门变压器）等非专用变压器供电时，其基本接地、接零方式应与原有市电供电系统保持一致。在同一供电系统中，不得将一部分设备做保护接零，另一部分设备做保护接地。

（3）接地电阻。接地电阻包括接地线电阻、接地体本身的电阻及流散电阻。由于接地线和接地体本身的电阻很小（因导线较短，接地良好），可忽略不计，因此，一般认为接地电阻就是散流电阻，它的数值等于对地电压与接地电流之比。接地电阻可用冲击接地电阻、直接接地电阻和工频接地电阻，在用电设备保护中一般采用工频接地电阻。

电力变压器或发电机的工作接地电阻值不应大于 4 Ω。在 TNS 接零保护系统中，重复接地应与保护零线连接。

（4）施工现场的防雷保护。多层与高层建筑施工应充分重视防雷保护。多层与高层建筑施工时，其四周的起重机、门式架、井字架、脚手架等突出建筑物很多，材料堆积也较多，一旦遭受雷击，不但会对施工人员造成生命危险，而且容易引起火灾，造成严重事故。因此，多层与高层建筑施工期间，应注意采取以下防雷措施：

①建筑物四周、起重机的最上端必须装设避雷针，并应将起重机钢架连接于接地装置，接地装置应尽可能会利用永久性接地系统。如果是水平移动的塔式起重机，其地下钢轨必须可靠接到接地系统上。起重机上装设的避雷针，应能保护整个起重机及其电力设备。

②沿建筑物四角和四边竖起的木、竹架子上，做数根避雷针并接到接地系统上，针长最小应高出木、竹架子 3.5 m，避雷针之间的间距以 24 m 为宜。对于钢脚手架，应注意连接可靠并要可靠接地。如施工阶段的建筑物中有突出高点，应如上述加装避雷针。雨期施工时，应随脚手架的接高加高避雷针。

③建筑工地的井字架、门式架等垂直运输架上，应将一侧的中间立杆接高（高出顶墙 2 m），作为接闪器，并在该立杆下端设置接地线，同时应将卷扬机的金属外壳可靠接地。

④施工时，应按照正式设计图纸的要求先做完接地设备，同时注意跨步电压的问题。

⑤随时将每层楼的金属门窗（钢门窗、铝合金门窗）与现浇混凝土框架（剪力墙）的主筋可靠连接。在开始架设结构骨架时，应按图纸规定，随时将混凝土柱的主筋与接地装置连接，以防施工期间遭到雷击而破坏。

⑥随时将金属管道、电缆外皮在进入建筑物的进口处与接地设备连接，并应把电气设备的铁架及外壳连接在接地系统上。

⑦防雷装置的避雷针（接闪器）可采用直径为 20 mm 的钢筋，长度为 1~2 m；当利用金属构架做引下线时，应保证构架之间的电气连接；防雷装置的冲击接地电阻值不得大于 30 Ω。

4.配电箱及开关箱

（1）施工现场应设总配电箱（或配电室），总配电箱以下设分配电箱，分配电箱以下设开关箱，开关箱以下是用电设备。开关箱应实行"一机一闸"制，不得设置分路开关。

（2）施工用电配电箱、开关箱中应装设电源隔离开关、短路保护器、过载保护器，其额定值和动作整定值应与其负荷相适应。总配电箱、开关箱中还应装设漏电保护器。

（3）漏电保护器的额定漏电动作参数的选择应符合下列规定：

①总配电箱内的漏电保护器，其额定漏电动作电流应大于 30 mA，额定漏电动作时间应大于 0.1 s，但其额定漏电动作电流与额定漏电动作时间的乘积不应大于 30 mA/s。

②开关箱（末级）内的漏电保护器，其额定漏电动作电流不应大于 30 mA，额定漏电动作时间不应大于 0.1 s；使用于潮湿场所时，其额定漏电动作电流不应大于 15 mA，额定漏电动作时间不应大于 0.4 s。

（4）施工用电动力配电与照明配电宜分箱设置，当合置在同一箱内时，动力配电与照明配电应分路设置。

（5）施工用电配电箱、开关箱应采用铁板（厚度为 1.2~2.0 mm）或阻燃绝缘材料制作，不得使用木质配电箱、木质开关箱及木质电器安装板。

（6）施工用电配电箱、开关箱应装设在干燥、通风、无外来物体撞击的地方，其周围应有足够两人同时工作的空间和通道。

（7）施工用电移动式配电箱、开关箱应装设在坚固的支架上，严禁在地面上拖拉。

（8）加强对配电箱、开关箱的管理，防止误操作造成危害；所有配电箱、开关箱应在其箱门处标注编号、名称、用途和分路情况。

5.现场照明

①施工照明的室外灯具距地面不得低于 3 m，室内灯具距地面不得低于 2.4 m。

②一般场所，照明电压应为 220 V；隧道，人防工程，高温、有导电粉尘和狭窄场所，照明电压不应大于 36 V；潮湿和易触及照明线路场所，照明电压

不应大于 24 V；特别潮湿、导电良好的地面、锅炉或金属容器内，照明电压不应大于 12 V。

③施工用电照明器具的形式和防护等级应与环境条件相适应。

④手持灯具应使用 36 V 以下电源供电；灯体与手柄应坚固、绝缘良好，并耐热和耐潮湿。

⑤施工照明使用 220 V 碘铝灯应固定安装，其高度不应低于 3 m，距易燃物不得小于 500 mm，并不得直接照射易燃物，不得将 220 V 碘溴灯用作移动照明。

⑥需要夜间或暗处施工的场所，必须配置应急照明电源。夜间可能影响行人、车辆、飞机等安全通行的施工部位或设施、设备，必须设置红色警戒照明。

三、安全用电知识

安全用电知识主要包括以下内容：

①进入施工现场时，不要接触电线、供配电线路以及工地外围的供电线路；遇到地面有电线或电缆时，不要用脚踩踏，以免意外触电。

②看到"当心触电""禁止合闸""止步、高压危险"等标志牌时，要特别留意，以免触电。

③不要擅自触摸、乱动各种配电箱、开关箱、电气设备等，以免触电。

④不能用潮湿的手去扳开关或触摸电气设备的金属外壳。

⑤衣物或其他杂物不能挂在电线上。

⑥施工现场的生活照明应尽量使用荧光灯。使用灯泡时，不能紧挨着衣物、蚊帐、纸张、木屑等易燃物品，以免发生火灾。施工中使用手持行灯时，要用 36 V 以下的安全电压。

⑦使用电动工具以前要检查工具外壳、导线绝缘皮等，如有破损，应立即请专职电工检修。

⑧电动工具的线不够长时，要使用电源拖板。

⑨使用振捣器、打夯机时，不要拖曳电缆，要有专人收放。操作者要戴绝缘手套、穿绝缘靴等防护用品。

⑩使用电焊机时要先检查拖把线的绝缘情况；电焊时要戴绝缘手套、穿绝缘靴等防护用品，不要直接用手去碰触正在焊接的工件。

⑪使用电锯等电动机械时，要有防护装置。

⑫电动机械的电缆不能随地拖放，如果无法架空只能放在地面时，要加盖板保护，防止电缆受到外界的损伤。

⑬开关箱周围不能堆放杂物。拉合闸刀时，旁边要有人监护。收工后，要锁好开关箱。

⑭使用电器时，如遇跳闸或熔丝熔断，不要自行更换或合闸，要由专职电工进行检修。

第九章　建筑施工防火安全管理

第一节　施工现场防火安全管理概述

一、防火安全管理的一般规定

（1）施工现场防火工作，必须认真贯彻"以防为主，防消结合"的方针，立足于自防自救，坚持安全第一，实行"谁主管，谁负责"的原则，在防火业务上要接受当地行政主管部门和当地公安消防机构的监督和指导。

（2）施工单位应对职工进行经常性的防火宣传教育，普及消防知识，增强消防观念，自觉遵守各项防火规章制度。

（3）施工应根据工程的特点和要求，在制定施工方案或施工组织设计的时候制定消防防火方案，并按规定程序实行审批。

（4）施工现场必须设置防火警示标志，施工现场办公室内必须有防火责任人、防火领导小组成员名单和防火制度。

（5）施工现场实行层级消防责任制，落实各级防火责任人，各负其责，项目经理是施工现场防火负责人，全面负责施工现场的防火工作，由公司发给任命书。施工现场必须成立防火领导小组，由防火负责人任组长，成员由项目相关职能部门人员组成，防火领导小组定期召开防火工作会议。

（6）施工单位必须建立和健全岗位防火责任制，明确各岗位的防火负责区和职责，使职工懂得本岗位火灾的危险性，懂得防火措施，懂得灭火方法，会报警，会使用火火器材，会处埋事故苗头。

（7）按规定实施防火安全检查，对查出的火险隐患及时进行整改，本部门难以解决的要及时上报。

（8）施工现场必须根据防火的需要，配置相应种类、数量的消防器材、设备和设施。

二、防火安全管理的职责

1. 项目消防安全领导小组的职责

（1）在公司级防火责任人的领导下，把工地的防火工作纳入生产管理中，做到生产计划、布置、检查、总评、评比"五同时"。

（2）负责防火教育工作，普及消防知识，保证各项防火安全制度的贯彻执行。

（3）定期组织消防检查，发现隐患及时整改，对项目部解决不了的火险隐患，提出整改意见上报公司防火负责人。

（4）督促配置必要的消防器材，要保证随时完整好用，不准随便挪作他用。

（5）发生火灾事故后，责任人提出处理意见，及时上报公司或公安消防机关。

（6）定期召开各班组防火责任人会议，分析防火工作，布置防火安全工作。

2. 义务消防队队员的职责

（1）积极宣传消防工作的方针、意见和安全消防知识。

（2）遵守和执行防火安全制度，认真做好工地的防火安全工作，发现问题及时整改或向上级汇报。

（3）熟悉工地的要害部位，火灾危害性及水源、道路、消防器材设置等情况，并定期进行消防业务学习和技术培训。

（4）做好消防器材、消防设备的维修和保养工作，保证灭火器材的完好使用。

（5）严格动火审批制度，并实行谁审批谁负责原则，明确职责，认真履行。

（6）熟练掌握各种灭火器材的使用和适用范围，每年举行不少于两次的灭火学习。

（7）实行全天候值班巡逻制度，发现问题及时处理整改，定期向消防领导小组书面汇报现场消防安全工作情况。

（8）对违反消防安全管理条件的单位、个人按规定给予处罚。

3.班组防火负责人的职责

（1）贯彻落实消防领导小组及义务消防队布置的防火工作任务，检查和监督本班组人员执行安全制度情况。

（2）严格执行项目部制度的各项消防安全管理制度、动火制度及有关奖罚条例等。

（3）教会有关操作人员正确使用灭火器材，掌握适用范围。

（4）督促做好本班组的防火安全检查工作，做好工完场清，不留火险隐患，杜绝事故发生。

（5）负责本班组人员所操作的机械电气设备的防火安全装置，运转和安全使用管理工作。

（6）发现问题及时处理，发生事故立即补救，并及时向义务消防队和消防领导小组汇报。

第二节　施工现场防火安全管理的要求

一、消防器材安全管理

1.常用灭火器材及其适用范围

（1）泡沫灭火器：适用于油脂、石油产品及一般固体物质的初起火灾。

（2）酸碱灭火器：适用于竹、木、棉、毛、草、纸等一般可燃物质的初起火灾。

（3）干粉灭火器：适用于石油及其产品、可燃气体和电气设备的初起火灾。

（4）二氧化碳灭火器：适用于贵重设备、档案资料、仪器仪表、600 V以下电器及油脂火灾。

（5）水：适用范围较广，但不得用于以下几个方面。

①非水溶性可燃、易燃物体火灾。

②与水反应产生可燃气体，可引起爆炸的物质起火。

③直流水不得用于带电设备和可燃粉尘集聚处的火灾，以及储存大量浓硫酸、浓硝酸场所的火灾。

2.施工现场消防器材管理要求

（1）各种消防梯经常保持完整完好。

（2）经常检查水枪，保持开关灵活、喷嘴畅通，附件齐全无锈蚀。

（3）水带充水后防骤然折弯，不被油类污染，用后清洗晾干，收藏时应单层卷起，竖放在架上。

（4）各种管接口和扪盖应接装灵便、松紧适度、无泄漏，不得与酸、碱等化学品混放，使用时不得摔、压。

（5）消火栓按室内、室外（地上、地下）的不同要求定期进行检查和及时加注润滑油，消火栓井应经常清理，冬季应采取防冻措施。

（6）工地设有火灾探测和自动报警灭火系统时，应由专人管理，保证其处于完好状态。

二、电气防火安全管理

（1）施工现场的一切电气设备、线路必须由持有上岗操作证的电工安装、维修，并严格执行有关规定。

（2）电线绝缘层老化、破损要及时更换。

（3）严禁在外脚手架上架设电线和使用碘钨灯，因施工需要在其他位置使用碘钨灯时，架设要牢固，碘钨灯距易燃物不少于 50 cm，且不得直接照射易燃物。当间距不够时，应采取隔热措施，施工完毕要及时拆除。

（4）临时建筑设施的电气设备安装要求。

①电线必须与铁制烟囱保持不少于 50 cm 的距离。

②电气设备和电线不准超过安全负荷，接头处要牢固，绝缘性良好，室内、室外电线架设应有瓷管或瓷瓶与其他物体隔离，室内电线不得直接敷设在可燃物、金属物上，要套防火绝缘线管。

③照明灯具下方一般不准堆放物品，其垂直下方与堆放物品水平距离不得少于 50 cm。

④临时建筑设施内的照明必须做到一灯一制一保险，不准使用 60 W 以上的照明灯具，宿舍内照明应按每 10 m 有一盏不低于 40 W 的照明灯具，并安装带保险的插座。

⑤每栋临时建筑以及临时建筑内每个单元的用电必须设有电源总开关和漏电保护开关，做到人离电断。

⑥凡是能够产生静电引起爆炸或火灾的设备容器，必须设置消除静电的装置。

三、电焊、气割的防火安全管理

（1）从事电焊、气割的操作人员，应经专门培训，掌握焊割的安全技术、操作规程，经考试合格，取得操作合格证后方可持证上岗。学徒工不得单独操作，须在师傅的监护下进行作业。

（2）严格执行动火审批程序和制度，操作前应办理动火申请手续，经单位领导同意及消防或安全技术部门检查批准，领取动火许可证后方可进行作业。

（3）动火审批人员要认真负责，严格把关。审批前要深入动火地点查看，确认无火险隐患后再行审批。批准动火应采取定时（时间）、定位（层、段、档）、定人（操作人、看火人）、定措施（应采取的具体防火措施），部位变动或仍需继续操作，应事先更换动火证。动火证只限当日本人使用，并随身携带，以备消防保卫人员检查。

（4）进行电焊、气割前，应由施工员或班组长向操作、看火人员进行消防安全技术措施交底，任何领导不能以任何借口让电、气焊工人进行冒险操作。

（5）装过或有易燃、可燃液体、气体及化学危险物品的容器、管道和设备，在未彻底清洗干净前，不得进行焊割。

（6）严禁在有可燃气体、粉尘或禁止用火的危险性场所焊割。在这些场所附近进行焊割时，应按有关规定，保持防火距离。

（7）遇有 5 级及以上大风天气时，应停止高空和露天焊割作业。

（8）要合理安排工艺和编制施工进度，在有可燃材料保温的部位，不准进行焊割作业。必要时，应在工艺安排和施工方法上采取严格的防火措施。焊割不准在油漆、喷漆、脱漆、木工等易燃、易爆物品和可燃物上作业。

（9）焊割结束或离开操作现场时，应切断电源、气源。炽热的焊嘴以及焊条头等，禁止放在易燃、易爆物品和可燃物上。

（10）禁止使用不合格的焊割工具和设备，电焊的导线不能与装有气体的气接触，也不能与气焊的软管或气体的导管放在一起。焊把线和气焊的软管不得从生产、使用、储存易燃、易爆物品的场所或部位穿过。

（11）焊割现场应配备灭火器材，危险性较大的应有专人现场监护。

（12）电焊工的操作要求。

①电焊工在操作前，要严格检查所用工具（包括电焊机设备、线路敷设、电缆线的接点等），使用的工具均应符合标准，保持完好状态。

②电焊机应有单独开关，装在防火、防雨的闸箱内，电焊机应设防雨棚（罩）。开关的保险丝容量应为该机的 1.5 倍，保险丝不准用铜丝或铁丝代替。

③焊割部位应与氧气瓶、乙炔瓶、乙炔发生器及各种易燃、可燃材料隔离，两瓶之间不得小于 5 m，与明火之间不得小于 10 m。

④电焊机应设专用接地线，直接放在焊件上，接地线不准在建筑物、机械设备、各种管道、避雷引下线和金属架上借路使用，防止接触火花，造成起火事故。

⑤电焊机一、二次线要用线鼻子压接牢固，同时应加装防护罩，防止松动、短路放弧等引燃可燃物。

⑥严格执行防火规定和操作规程，操作时采取相应的防火措施，与看火人员密切配合，防止火灾。

（13）焊工的操作要求。

①乙炔发生器、乙炔瓶、氧气瓶和焊割具的安全设备必须齐全有效。

②乙炔发生器、乙炔瓶、液化石油气罐和氧气瓶在新建、维修工程内存放，应设置专用房间单独分开存放并有专人管理，要有灭火器材和防火标志。

③乙炔发生器和乙燃瓶等与氧气瓶应保持距离，在乙炔发生器旁严禁一切火源。夜间添加电石时，应使用防爆手电筒照明，禁止用明火照明。

④乙炔发生器、乙炔瓶和氧气瓶不准放在低压架空线路下方或变压器旁。在高空焊割的，也不要放在焊割部位的下方，应保持一定的水平距离。

⑤乙炔瓶、氧气瓶应直立使用，禁止平放卧倒使用，以防止油类落在氧气

瓶上。油脂或活油的物品，不要接触氧气瓶、导管及其零部件。

⑥银气瓶、乙炔瓶严禁曝晒、撞击，防止受热膨胀。开启阀门时要缓慢开肩，防止升压过速产生高温、火花引起爆炸和火灾。

⑦乙炔发生器、回火阻止器及导管发生冻结时，只能用蒸汽、热水等解冻，严禁使用火烤或金属敲打。锁定气体导管及其分配装置有无漏气现象时，可用气体探测仪或用肥皂水等简单方法测试，严禁用明火测试。

⑧操作乙炔发生器和电石桶时，应使用不产生火花的工具，在乙炔发生器上不能装有纯铜的配件。加入乙炔发生器的水，不能含油脂，以免油脂与氧气接触发生反应，引起燃烧或爆炸。

⑨防爆膜失去作用后，要按照规定规格型号进行更换，严禁任意更换防爆膜规格、型号，禁止使用胶皮等代替防爆膜。浮桶式乙炔发生器上面不准堆压其他物品。

⑩电石应存放在电石库内，不准在潮湿场所和露天存放。

⑪ 焊割时要严格执行操作规程和程序。焊割操作时先开乙炔气点燃，然后再开氧气进行调火。操作完毕时按相反程序关闭。瓶内气体不能用尽，必须留有余气。

⑫ 工作完毕，应将乙炔发生器内电石、污水及其残渣清除干净，倒在指定的安全地点，并要排除内腔和其他部分的气体。严禁将电石、污水到处乱放、乱排。

四、建筑木工的防火安全要求

建筑工地的木工作业场所要严禁动用明火，工人吸烟要到休息室去吸。工作场地和个人工具箱内严禁存放油料和易燃、易爆物品。要经常对工作间内的电气设备及线路进行检查，发现短路、电气打火和线路绝缘老化、破损等情况要及时找电工维修。电锯、电刨子等木工设备在作业时，注意勿使刨花、锯末等物将电机盖上。熬水胶使用的炉子，应在单独房间里进行，用后要立即熄灭。

木工作业要严格执行建筑安全操作规程，完工后必须将现场清理干净，剩下的木料堆放整齐，锯末、刨花要堆放在指定的地点，并且不能在现场存放时间过长，防止自燃起火。

五、涂漆、喷漆和油漆工的防火安全要求

（1）喷漆、涂漆的场所应有良好的通风，防止形成爆炸极限浓度，引起火灾或爆炸。

（2）喷漆、涂漆的场所内禁止一切火源，应采用防爆的电气设备。

（3）禁止与焊工同时间、同部位的上下交叉作业。

（4）油漆工不能穿易产生静电的工作服。接触涂料、稀释剂的工具应采用防火花型的专业工具。

（5）浸有涂料、稀释剂的破布、纱团、手套和工作服等，应及时清理，不能随意堆放，防止因化学反应而生热，发生自燃。

（6）在施工过程中必须严格遵守操作规程和程序。

（7）在维修工程施工中，使用脱漆剂时，应采用不燃性脱漆剂。若因工艺或技术上的要求，使用易燃性脱漆剂时，一次涂刷脱漆剂量不宜过多，控制在能使漆膜起皱膨胀为宜。清除掉的漆膜要及时妥善处理。

（8）对使用中能分解、发热自燃的物料，要妥善管理。

六、仓库保管员的防火安全要求

（1）仓库保管员要牢记《仓库防火安全管理规则》。

（2）熟悉存放物品的性质，储存中的防火要求及灭火方法，要严格按照其性质、包装、灭火方法、储存防火要求和密封条件等分别存放。性质相抵触的物品不得混存在一起。

（3）严格按照"五距"储存物资，即垛与垛间距不小于 1 m，垛与墙间距不小于 0.3 m，垛与梁、柱的间距不小于 0.3 m，垛与散热器、供暖管道的间距不小于 0.3 m，照明灯具垂直下方与垛的水平间距不得小于 0.5 m。

（4）库存物品应分类、分垛储存，主要通道的宽度不小于 2 m。

（5）露天存放物品应当分类、分堆、分组和分垛，并留出必要的防火间距。甲、乙类桶装液体，不宜露天存放。

（6）物品入库前应进行检查，确定无火种等隐患后，方准入库。

（7）房门窗等应当严密，物资不能储存在预留孔洞的下方。

（8）库房内照明灯具不准超过 60 W，并做到人走断电、锁门。

（9）库房内严禁吸烟和使用明火。

（10）库房管理人员在每日下班前，应对经管的库房巡查一遍，确认无火险隐患后，关好门窗，切断电源后方准离开。

（11）随时清扫库房内的可燃材料，保持地面清洁。

（12）严禁在仓库内兼设办公室、休息室或更衣室、值班室，以及进行各种加工作业等。

第三节　特殊施工场地防火要求

一、地下工程施工

地下工程施工中，除遵守正常施工中的各项防火安全管理制度和要求外，还应遵守以下防火安全要求。

（1）施工现场的临时电源线不宜直接敷设在墙壁或土墙上，应用绝缘材料架空安装。配电箱应采取防水措施，潮湿地段或渗水部位照明灯具应采取相应措施或安装防潮灯具。

（2）施工现场应有不少于两个出入口或坡道，长距离施工应适当增加出入口的数量。施工区面积不超过 50 m² 且施工人员不超过 20 人时，可只设一个直通地上的安全出口。

（3）安全出入口、疏散走道和楼梯的宽度应按其通过人数每 100 人不小于 1 m 的净宽计算。每个出入口的疏散人数不宜超过 250 人。安全出入口、疏散走道、楼梯的最小净宽不应小于 1 m。

（4）疏散走道、楼梯及坡道内，不宜设置突出物或堆放施工材料和机具。

（5）疏散走道、安全出入口、疏散马道（楼梯）、操作区域等部位，应设置火灾事故照明灯。

（6）疏散走道及其交叉口、拐弯处、安全出口处应设置疏散指示标志灯。

疏散指示标志灯的间距不宜过大，距地面高度应为 1.0~1.2 m，标志灯正前方 0.5 m 处的地面照度不应低于 11 V。

（7）火灾事故照明灯和疏散指示灯工作电源断电后，应能自动投合。

（8）地下工程施工区域应设置消防给水管道和消火栓，消防给水管道可以与施工用水管道共用。特殊地下工程不能设置消防用水时，应配备足够数量的轻便消防器材。

（9）大面积油漆粉刷和喷漆应在地面施工，局部的粉刷可在地下工程内部进行，但一次粉刷的量不宜过多，同时在粉刷区域内禁止一切火源，加强通风。

（10）禁止中压式乙炔发生器在地下工程内部使用及存放。

（11）地下工程施工前必须制订应急的疏散计划。

二、设备安装与调试施工

（1）在设备安装与调试施工的，应进行详细调查，根据设备安装与调试施工中的火灾危险性及特点，制定消防保卫工作方案，规定必要的制度和措施，制订调试运行过程中单项的和整体的调试运行工作计划或方案，做到定人、定岗、定要求。

（2）在有易燃、易爆气体和液体附近进行用火作业前，应先用测量仪器测试可燃气体的爆炸浓度，然后再进行动火作业。动火作业时间长时应设专人随时进行测试。

（3）调试过的可燃、易燃液体和气体的管道、塔、容器、设备等，在进行修理时，必须使用惰性气体或蒸汽进行置换和吹扫，用测量仪器测试爆炸浓度后，方可进行修理。

（4）调试过程中，应组织一支专门的应急力量，随时处理一些紧急事故。

（5）在有可燃、易燃液体、气体附近的用电设备，应采用与该场所相匹配防火等级的临时用电设备。

（6）调试过程中，应准备一定数量的填料、堵料及工具、设备，以应对滴、漏、跑、冒现象的发生，减少火灾和隐患的发生。

第四节 施工现场防火检查及灭火

一、施工现场防火检查

1. 防火检查内容

（1）检查用火、用电和易燃易爆物品及其他重点部位生产、储存、运输过程中的防火安全情况和临建结构、平面布置、水源、道路是否符合防火要求。

（2）检查火险隐患整改情况。

（3）检查义务和专职消防队组织及活动情况。

（4）检查各级防火责任制、岗位责任制、八种责任书和各项防火安全制度执行情况。

（5）检查三级动火审批及动火证、操作证，消防设施、器材管理及使用情况。

（6）检查防火安全宣传教育，外包工管理等情况。

（7）检查十项标准是否落实，基础管理是否健全，防火档案资料是否齐全，发生事故后是否按"三不放过"原则进行处理。三不放过"原则即事故原因没有查清不放过、责任者和群众没有受到教育不放过、没有采取防范措施不放过。

2. 火险隐患整改的要求

（1）领导重视。火险隐患能不能及时进行整改，关键在于领导。有些重大火险隐患，之所以成了"老检查、老问题、老不改"的"老大难"问题，与有的领导不够重视防火安全分是不开的。事实证明，只检查不整改，势必养患成灾，届时想改也来不及了。一旦发生了火灾事故，与整改隐患比较，在人力、物力、财力等各个方面所付出的代价不知道要高出多少倍。因此，迟改不如早改。

（2）边查边改。对检查出来的火险隐患，要求施工单位能立即纠正的就立即纠正，不要拖延。

（3）对不能立即解决的火险隐患，检查人员逐件登记，定项、定人、定措施，限期整改，并建立立案、销案制度。

（4）对重大火险隐患，经施工单位自身的努力仍得不到解决的，公安消防监督机关应该督促他们及时向上级主管机关报告，求得解决，同时采取可靠的临时性措施。对能够整改而又不认真整改的部门、单位，公安消防监督机关应发出重大火险隐患通知书。

（5）对遗留下来的建筑规划无消防通道、水源等方面的问题，一时确实无法解决的，公安消防监督机关应提请有关部门纳入建设规划，加以解决。在没有解决前，要采取临时性的补救措施，以保证安全。

二、施工现场灭火方法

施工现场的灭火方法主要包括以下四种。

（1）窒息灭火方法。此方法是阻止空气流入燃烧区，或用不燃物质（气体）冲淡空气，使燃烧物质断绝氧气的助燃而使火熄灭。

采取窒息法扑救火灾时，应注意以下事项：

①燃烧部位的空间必须较小，容易堵塞封闭，且在燃烧区域内没有氧化剂物质的存在。

②采取水淹方法扑救火灾时，必须考虑到水对可燃物质作用后，不致产生不良后果。

③采取窒息法灭火后，必须确认火已熄灭，方可打开孔洞进行检查，严禁因过早打开封闭的房间或生产装置，而使新鲜空气流入燃烧区，引起新的燃烧，导致火势迅猛发展。

④在条件允许的情况下，为阻止火势迅速蔓延，争取灭火战斗的准备时间，可采取临时性的封闭窒息措施或先不开门窗，使燃烧速度控制在最低限度，在组织好扑救力量后再打开门窗，解除窒息封闭措施。

⑤采用惰性气体灭火时，必须保证燃烧区域内惰性气体的数量，使燃烧区域内氧气的含量控制在14%以下，以达到灭火的目的。

（2）冷却灭火法。此方法是将灭火剂直接喷撒在燃烧物体上，使可燃物质的温度降低到燃点以下，以终止燃烧。在火场上，除了用冷却法扑灭火灾外，在必要的情况下可用冷却剂冷却建筑构件、生产装置、设备容器等，防止建筑结构变形，造成更大的损失。

（3）隔离灭火法。此方法是将燃烧物体与附近的可燃物质隔离或疏散，使燃烧失去可燃物质而停止。

采取隔离灭火法的具体措施是将燃烧区附近的可燃、易燃和助燃物质，转移到安全地点。关闭阀门，阻止气体、液体流入燃烧区；设法阻拦流散的易燃、可燃液体或扩散的可燃气体，拆除与燃烧区相毗连的可燃建筑物，形成防止火势蔓延的间距。

（4）抑制灭火法。与前三种灭火方法不同，此方法是使灭火剂参与燃烧反应过程，使燃烧过程中产生的游离基消失，从而形成稳定分子或低活性的游离基，使燃烧反应停止。目前，抑制灭火法常用的灭火剂有 1211、1202、1301 灭火剂。

三、消防设施布置要求

1. 消防给水的设置原则

（1）高度超过 24 m 的工程。

（2）层数超过十层的工程。

（3）重要的及施工面积较大的工程。

2. 消防给水管网布置要求

（1）工程临时竖管不应少于两条，呈环状布置，每根竖管的直径应根据要求的水柱股数，按最上层消火栓出水计算，但不小于 100 mm。

（2）高度小于 50 m，每层面积不超过 500 m^2 的普通塔式住宅及公共建筑，可设一条临时竖管。

3. 临时消火栓布置要求

（1）工程内临时消火栓应分设于各层明技且便于使用的地点，并保证消火栓的充实水柱能达到工程内的任何部位。栓口出水方向宜与墙壁成 90° 角，离地面 1.2 m。

（2）消火栓口径应为 65 mm，配备的水带每节长度不宜超过 20 m，水枪喷嘴口径不应小于 19 mm。每个消火栓处宜设启动消防水泵的按钮。

（3）临时消火栓的布置应保证充实水柱能到达工程内任何部位。

4. 施工现场灭火器的配备要求

（1）一般临时设施区，每 100 m² 配备两个 10 L 灭火器；大型临时设施区总面积超过 1 200 m² 的，应备有专供消防用的太平桶、积水桶（池）、黄砂池等器材设施。

（2）木工间、油漆间、机具间等每 25 m² 应配置一个合适的灭火器，油库、危险品仓库应配备足够数量、种类的灭火器。

（3）仓库或堆料场内，应根据灭火对象的特性，分组布置酸碱、泡沫、清水、二氧化碳等灭火器。每组灭火器不少于 4 个，且每组灭火器之间的距离不大于 30 m。

参考文献

[1] 李伟平. 建筑工程质量安全管理体系构建与实施策略研究 [J]. 居业，2023(11)：192-194.

[2] 付维新. 房屋建筑工程质量与安全管理探究 [J]. 城市建设理论研究（电子版），2023(23)：38-40.

[3] 陈会芳. 房屋建筑工程质量安全监督管理研究 [J]. 房地产世界，2023(10)：89-91.

[4] 崔文，孙岩. 建筑工程质量与安全管理课程线上教学探索和实践 [J]. 产业与科技论坛，2023，22(9)：181-182.

[5] 黎素珍. 建筑工程质量安全管理存在的问题及对策 [J]. 散装水泥，2023，(2)：23-24，27.

[6] 赵宇. 建筑工程质量安全管理有效方法探讨 [J]. 砖瓦，2023(1)：123-125，129.

[7] 徐敬军. 住宅建筑工程质量监督及安全管理的现存问题与应对措施研究 [J]. 城市建设理论研究（电子版），2023(1)：32-34.

[8] 赵兰生. 浅谈 BIM 技术在房屋建筑工程质量安全管理中的应用 [J]. 房地产世界，2022(12)：128-130.

[9] 陈镜旭. 浅谈建筑工程质量安全管理存在的问题及策略 [J]. 四川建材，2022，48(3)：86-87.

[10] 王雷. 建筑工程管理质量与安全管理 [J]. 中国建筑装饰装修，2022(4)：94-95.

[11] 杨正华，孙耀忠. 住宅建筑工程质量监督及相关安全管理分析 [J]. 中国建筑装饰装修，2022(4)：96-97.

[12] 齐枚菊. 房屋建筑工程施工质量安全管理措施分析 [J]. 砖瓦，2022(2)：91-92，95.

[13] 李稼祥. 建筑工程项目的质量安全管理问题及措施探析 [J]. 大众标准化，2021(24)：10-12.

[14] 许兵. 建筑工程质量安全管理相关问题及对策探析 [J]. 居舍，2021(32)：151-153.

[15] 阎晨. 建筑工程甲方如何做好施工现场技术管理的研究探讨 [J]. 房地产世界，2021(18)：105-107.

[16] 刘延欣，张海. 房屋建筑工程施工质量安全管理措施分析 [J]. 工程质量，2021，39(S1)：150-152.

[17] 姜达坤. 房屋建筑工程质量与安全管理探究 [J]. 砖瓦，2021(8)：115-116.

[18] 纪晨. 建筑工程质量安全管理的影响因素及解决对策 [J]. 住宅与房地产，2021(19)：163-164.

[19] 张锋. 建筑工程质量安全管理的影响因素及解决策略 [J]. 中国建筑装饰装修，2021(6)：106-107.

[20] 蔡龙. 三教改革背景下建筑工程质量与安全管理课程思政教学设计 [J]. 现代职业教育，2021(23)：190-191.

[21] 涂纯浩. 建筑工程质量安全监督机构改革研究 [D]. 南昌：南昌大学，2020.

[22] 郭玲玲. 建设法规 [M]. 南京：南京大学出版社，2018.

[23] 葛源博. 济南市建筑工程质量安全动态管理系统的设计与实现 [D]. 济南：山东大学，2018.

[24] 江先文. 建设工程法规实务 [M]. 重庆：重庆大学出版社，2016.

[25] 王泽云. 建筑施工技术 [M]. 重庆：重庆大学出版社，2016.

[26] 王磊. 施工质量控制措施在某工程中的应用研究 [D]. 长春：吉林大学，2015.

[27] 董伟，邵元纯. 建设工程法规 [M]. 重庆：重庆大学出版社：2015.

[28] 陈晋中，杨斌，王素琴. 建设工程法规 [M]. 重庆：重庆大学出版社，2015.

[29] 吕军. 国内外建筑质量安全监管制度的比较研究 [D]. 辽宁：沈阳建筑大学，2014.

[30] 潘玉成. 越南与中国政府建筑工程管理比较研究 [D]. 广州：华南理工大学，2013.